高职高专"十三五"规划教材

炭素热工与窑炉

主 编 滕 瑜 李永佳
副主编 宋群玲 李瑛娟

北京

冶金工业出版社

2017

内 容 简 介

　　本书是根据教育部精品课程建设的要求编写的,是炭素加工技术专业的技术基础课程之一,由炭素热工基础理论和炭素窑炉两部分组成。炭素热工基础理论部分,包括传输理论、燃料燃烧、炉内气体流动及传热、热平衡等;炭素窑炉部分主要对炭素生产过程中的煅烧、焙烧、石墨化的窑炉等设备作了详细介绍。书中按章附有思考题,以便学生复习和掌握主要内容。

　　本书可作为高职高专院校相关专业的教材,也可供炭素加工领域有关技术人员和管理人员参考。

图书在版编目(CIP)数据

　　炭素热工与窑炉/滕瑜,李永佳主编. —北京:冶金工业出版社,2017.10

　　高职高专"十三五"规划教材

　　ISBN 978-7-5024-7625-0

　　Ⅰ.①炭… Ⅱ.①滕… ②李… Ⅲ.①炭素材料—工业炉窑—热工操作—高等职业教育—教材 Ⅳ.①TM242.05

　　中国版本图书馆 CIP 数据核字 (2017) 第 246380 号

出 版 人　谭学余
地　　　址　北京市东城区嵩祝院北巷 39 号　邮编　100009　电话　(010)64027926
网　　　址　www.cnmip.com.cn　电子信箱　yjcbs@cnmip.com.cn
责任编辑　杨盈园　美术编辑　彭子赫　版式设计　禹　蕊
责任校对　卿文春　责任印制　李玉山
ISBN 978-7-5024-7625-0
冶金工业出版社出版发行;各地新华书店经销;三河市双峰印刷装订有限公司印刷
2017 年 10 月第 1 版,2017 年 10 月第 1 次印刷
787mm×1092mm　1/16;10.5 印张;250 千字;156 页
31.00 元

冶金工业出版社　投稿电话　(010)64027932　投稿信箱　tougao@cnmip.com.cn
冶金工业出版社营销中心　电话　(010)64044283　传真　(010)64027893
冶金书店　地址　北京市东四西大街46号(100010)　电话　(010)65289081(兼传真)
冶金工业出版社天猫旗舰店　yjgycbs.tmall.com
(本书如有印装质量问题,本社营销中心负责退换)

前　言

本教材是根据冶金高等专科学校和冶金材料学院对炭素加工技术专业的教学改革和炭素热工与窑炉的教学大纲要求编写的。

炭素热工与窑炉是炭素加工技术专业的技术基础课程之一，本书包括炭素热工基础理论和炭素窑炉两部分内容。炭素热工基础理论部分，结合了冶金炉热工基础知识，主要内容包括传输理论、燃料燃烧、炉内气体流动及传热、热平衡等。炭素窑炉部分，主要对炭素生产过程中的煅烧、焙烧、石墨化的窑炉等设备作了详细介绍。书中按章附有思考题，以利于培养学生运用基本概念和解决实际问题的能力。

根据高等专科学校培养生产第一线应用型高等技术人才的特点，考虑到专科教学以应用为主，作者在编写过程中删减了冗长的数学推导过程，着重于阐明物理概念、应用范围和使用条件。

参加本教材编写工作的有昆明冶金高等专科学校滕瑜（编写前言、目录第一篇第1章和第3章，第二篇第1章、附录、参考文献）、李永佳（编写第一篇第2章和第4章，第二篇第2章）、宋群玲（编写第一篇第5章和第二篇第4章）、李瑛娟（编写绪论和第二篇第3章）。全书由滕瑜统稿、定稿，李永佳、宋群玲、李瑛娟对本书的文字、图表等进行了录入及校对。

昆明冶金高等专科学校冶金材料学院领导对本教材的编写提出了不少宝贵建议，编者在此表示衷心感谢。

本书适用于炭素加工技术专业大专学生使用，也可供有关加工技术人员参考。在教学内容上，各专业可根据专业特点及需要，加以取舍。

由于编者水平所限，加之编写时间仓促，书中有不妥之处，恳请读者批评指正。

编者

2017 年 7 月

目　录

第二篇　炭　素　窑　炉

附 录

图 0-1 图面的温分单位和专门名称的导出单位

绪　　论

0.1　本课程内容梗概

《炭素热工与窑炉》是高职高专学校炭素加工技术专业的专业基础课程之一。

炭素制品生产工艺流程较长，比一般材料工业（如陶瓷、水泥、耐火材料、玻璃等）要求更多的热处理工序，其中包括原材料煅烧、半制品焙烧、产品石墨化等高温工序。具有不同工艺要求的热处理环节，有着不同的高温化学物理变化，因此需要多种多样的炭素窑炉满足生产的需要。炭素窑炉种类繁多，功能各异，是炭素工业生产不可缺少的设备。同时，现有炭素窑炉又制约着炭素生产的发展，设计和研究新型炭素窑炉是当今炭素工业一项紧迫的重要任务。

炭素窑炉的发展有赖于研究以及应用其他科学理论和工业先进技术，实现窑炉的自动化、机械化生产操作，同时也要求掌握窑炉方面的基础理论，包括耐火材料、燃料科学、三传基本原理、气体力学、窑炉设计基本原理和方法等。通过热工基础知识的学习，使学生深入学习窑炉理论，并在其他专业技术基础课、工艺课中应用这些知识，解决实际问题。

通过上述内容的学习以及思考练习、专题实验和课程设计等教学环节，要求学生达到以下目的：

（1）掌握炭素窑炉设备的基础理论，学会分析与诊断窑炉运行过程中出现的耐火材料、燃烧、"三传"等问题的方法。

（2）通过炭素窑炉结构的学习，学会一些窑炉生产的计算方法，初步掌握窑炉设计的基本原理和知识，培养改进窑炉结构的能力。

0.2　单位及单位制

本书采用国家标准局制订的有关量和单位的国家标准，全套标准均采用国际单位制（SI）。它的基本单位是：质量以千克（kg）表示，长度以米（m）表示，时间以秒（s）表示，电流强度以安培（A）表示，物质的量以摩尔（mol）表示，发光强度以烛光（Cd）表示，共 7 个；还有 2 个辅助单位：平面角以弧度（rad）表示，立体角以球面度（Sr）表示。其他物理量均为这些基本量的导出单位，例如密度为 kg/m^3。具体专门名称的导出单位见表 0-1。我国法定计量单位中还包括了 15 个非国际单位制单位，如时间单位制中的分（min）、时（h）、天（d），质量单位中的吨（t），体积单位中的升（L），声级单位中的分贝（dB）等。工程计算中必须先将同一算式中所有物理量换算成同一种单位制，然后进行运算。常用单位换算关系表见 0-2。

表 0-1　国际单位制中具有专门名称的导出单位

量的名称	单位名称	单位符号	其他表示式例
力；重力	牛[顿]	N	$kg \cdot m/s^2$
压力，压强，应力	帕[斯卡]	Pa	N/m^2
能量；功；热	焦[耳]	J	$N \cdot m$
功率；辐射通量	瓦[特]	W	J/s
电容	法[拉]	F	C/V
电阻	欧[姆]	Ω	V/A
电导	西[门子]	S	A/V

表 0-2　常用单位换算关系

物理量	制外单位	对应的国际单位
压力（压强、应力）	1Bar（巴）	10^5 Pa
	$1Dyn/cm^2$	0.1 Pa
	1at（=$1kgf/cm^2$）	98066.5Pa
	1atm（标准大气压）	101325Pa
	$1mmH_2O$（=$1kgf/cm^2$）	9.80665 Pa
	1mmHg（1毛）	133.322Pa
动力黏度	1P（泊）（$1Dyn \cdot s/cm^2$）	$0.1Pa \cdot s$
	$1kgf \cdot s/m^2$	$9.80665Pa \cdot s$
运动黏度	1st（斯托克斯）	$10^{-4} m^2/s$
	$1m^2/h$	$277.8×10^{-6} m^2/s$
温度	1℃	1K
	1℉（华氏度）	5/9K
热容	$1kcal/(kg \cdot K)$	$4186.8J/(kg \cdot K)$
功、能、热量	$1kg \cdot m$	9.80665 J
	$1HP \cdot h$（马力·小时）	$2.648×10^6$ J
	$1kW \cdot h$	$3.6×10^6$ J
	$1W \cdot h$	$3.6×10^3$ J
	1 erg（尔格）	10^{-7} J
	1Btu（=0.252kcal）	1055.06J
功率、热流	1kcal/h	1.163W
	1cal/s	4.1868W
	1HP（马力）	735.499W≈0.7355kW
导热系数	$1 kcal/(m \cdot h \cdot ℃)$	$1.163W/(m \cdot K)$
	$1cal/(cm \cdot s \cdot ℃)$	$41868×10^3W/(m \cdot K)$
	$1 Btu/(ft \cdot h \cdot ℉)$	$1.73074W/(m \cdot K)$
	$1Btu/(In \cdot h \cdot ℉)$	$20.7689W/(m \cdot K)$
传热系数	$1kcal/(m^2 \cdot h \cdot ℃)$	$1.163W/(m^2 \cdot K)$
	$1cal/(cm^2 \cdot s \cdot ℃)$	$41868W/(m^2 \cdot K)$
	$1Btu/(ft^2 \cdot h \cdot ℉)$	$5.67827W/(m^2 \cdot K)$

第一篇

炭素热工基础理论

炭素窑炉是高温热处理设备，如煅烧温度在 1300℃ 以上，焙烧温度也达到 1000℃ 以上，而石墨化温度则高达 2000℃ 以上。为了保证窑炉的正常运行，要采用大量的耐火材料。为实现炉内的高温环境，燃料是必不可少的原料之一，不同的燃料燃烧过程中产生的热量有很大差别。本篇主要介绍耐火材料的特性、组成、分类和性能以及燃料燃烧、炉内气体流动、炉内传热和热平衡等基础知识和理论。

1 耐 火 材 料

1.1 概 述

耐火材料是冶金、建筑、化工、机械等工业高温窑炉及物件重要的基础材料。因此，了解它们的性能及选用合适的耐火材料，对于提高炉子使用寿命和产品质量、强化生产控制及降低成本具有重要的意义。

耐火材料的传统定义是指耐火度不低于 1580℃ 的无机非金属材料。国际标准化组织（ISO）对耐火材料的定义为耐火度不小于 1500℃ 的非金属材料及制品。耐火材料主要用作高温窑炉等热工设备的结构材料，以及工业用高温容器和部件的材料，在一定程度上可以抵抗温度骤变和炉渣侵蚀，并能承受高温荷重。

1.2 耐火材料的分类、组成及性质

1.2.1 耐火材料的分类

耐火材料种类繁多，用途各异，有必要对耐火材料进行科学分类，以便于科学研究、合理选用和管理。耐火材料的分类方法很多，其中主要有以下几种。

1.2.1.1 按耐火度高低分

（1）普通耐火材料，耐火度为 1580~1770℃。

（2）高级耐火材料，耐火度为 1770~2000℃。

（3）特级耐火材料，耐火度在 2000℃以上。

1.2.1.2　按化学矿物组成分

（1）硅酸铝质耐火材料。

（2）硅质耐火材料。

（3）镁质耐火材料。

（4）碳质耐火材料。

1.2.1.3　按外形尺寸分

（1）标准耐火材料（砖）。

（2）异形耐火材料（砖）。

1.2.1.4　按砌筑方法分

（1）定形耐火材料（砖）。

（2）不定形耐火材料（砖）。

1.2.2　耐火材料的组成

耐火材料一般是由多种不同的化学成分和矿物组成构成的非均质体。耐火材料化学矿物组成是决定耐火材料物理性质和工作性质的基本因素。

1.2.2.1　化学组成

耐火材料的化学成分按含量的多少及其作用不同，可分为主成分和副成分。主成分是耐火材料中一种或几种高熔点的耐火氧化物或非氧化物，它是耐火材料的主体，是影响耐火材料的基本因素。例如硅砖中的 SiO_2，黏土质耐火材料中的 SiO_2 和 Al_2O_3，镁砖中的 MgO。副成分包括杂质和添加物，其化学成分也是氧化物，如 Fe_2O_3、K_2O、Na_2O 等，它使耐火材料的性能降低，有的具有溶剂作用，即在耐火砖的烧成过程中产生液相实现烧结。耐火材料生产中，添加矿化剂、烧结剂有助于促进高温变化和降低烧成温度。

1.2.2.2　矿物组成

耐火材料的矿物组成是指原料及制品中所含矿物晶相种类和数量，一般分为主晶相和基质两大类。主晶相是构成耐火材料制品结构的主体且熔点较高的晶相，它是耐火材料中的主体，是熔点较高的结晶体，在很大程度上决定耐火材料的性能，它可以是一种，也可以是两种。例如，高铝砖中的莫来石和刚玉，镁砖中的方镁石，都是主晶相。基质是填充在主晶相之间的其他不同成分的结晶矿物和非结晶玻璃相，它的数量不大，但成分结构复杂，熔点低，明显起着溶剂作用。例如，镁铝砖的基质是一种称为尖晶石 $MgO \cdot Al_2O_3$ 的结晶成分，依靠它将砖紧紧黏结成整体，因此也称结合相。基质的数量虽少，但它对耐火材料的性能影响很大，在耐火材料的使用过程中，往往首先从基质部分开始损坏。

1.2.3 耐火材料的性质

1.2.3.1 耐火材料的物理性质

耐火材料的物理性质主要包括结构性质、力学性质和热电性质。

A 结构性质

结构性质主要包括气孔率、吸水率、密度和透气度等，它们是影响耐火材料使用性能的重要因素。

a 气孔率

在耐火制品内，有许多大小不同、形状不一的气孔，主要有以下三种（图 1-1-1）：

（1）不和大气相通的气孔，称为闭口气孔。

（2）和大气相通的气孔，称为开口气孔。

（3）贯穿耐火制品的气孔，称为贯通气孔。

气孔总体积与耐火材料总体积的比值即总气孔率。若耐火砖块的总体积（包括其中的全部气孔）为 V、质量为 M、闭口气孔的体积为 V_1，开口气孔的体积为 V_2，贯通气孔的体积为 V_3，则：

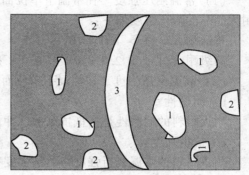

图 1-1-1 耐火制品内气孔类型
1—闭口气孔；2—开口气孔；3—贯通气孔

$$总气孔率 = \frac{V_1 + V_2 + V_3}{V} \times 100\% \qquad (1-1-1)$$

显气孔体积与耐火材料总体积的比值，称为显气孔率。

$$显气孔率 = \frac{V_2 + V_3}{V} \times 100\% \qquad (1-1-2)$$

b 吸水率

耐火材料制品中显气孔吸水质量与耐火材料制品质量的比值即为吸水率。

$$吸水率 = \frac{G_1 - G}{G} \times 100\% \qquad (1-1-3)$$

式中 G——耐火材料烘干质量，kg；

G_1——耐火材料吸水后质量，kg。

吸水率测定方法简便，在实际生产中常用来鉴定耐火原料的质量。原料烧结程度愈好，其吸水率愈低。

c 密度

（1）体积密度。单位体积（含气体体积）耐火材料的质量，用符号"ρ"表示。

$$\rho = \frac{m}{V} \qquad (1-1-4)$$

（2）真密度。耐火材料除去全部气孔后，单位体积的质量，用符号"ρ'"表示。

$$\rho' = \frac{m}{V - (V_1 + V_2 + V_3)} \tag{1-1-5}$$

d　透气度

耐火制品的透气性是指耐火材料对一定压力的气体的透过程度，用透气率表示。即在单位压力差的空气作用下，在单位时间内，通过单位厚度和单位面积制品的空气量。耐火材料的透气性与制品内连通气孔的数量及气体压力有关，一般要求透气性愈小愈好。

B　力学性质

a　耐压强度

(1) 常温耐压强度。在常温下单位面积耐火材料所能承受的压力，N/m^2。现行规定耐火制品的耐压强度如下：

普通耐火材料 $> 1.0 \times 10^7 \sim 1.5 \times 10^7 N/m^2$；

高级耐火材料 $> 2.5 \times 10^7 \sim 3.0 \times 10^7 N/m^2$。

(2) 高温耐压强度。在高温下单位面积耐火材料所能承受的压力，N/m^2。

b　耐磨性

耐火材料的耐磨性是指抵抗摩擦、冲击作用的能力，它直接影响炉子的使用寿命。

c　抗折强度

耐火材料的常温抗折强度与耐压强度有关。通常，常温耐压较高的制品，其常温抗折性能也较好，高温抗折能力强的制品，在高温条件下，对于物料的撞击、磨损、液态渣的冲刷等，均有较好的抵抗能力。

d　弹性模量

耐火材料的弹性模量是表征制品抵抗受力变形的能力。耐火制品在弹性极限内，外力作用产生的应力与应变之比，称为弹性模量，即：

$$E = \frac{\sigma}{\Delta L/L} \tag{1-1-6}$$

式中　E——弹性模量，N/m^2；

　　　σ——制品所承受的应力，N/m^2；

　$\Delta L/L$——制品相对长度的变化，即弹性变量。

C　热电性质

a　热膨胀性

耐火制品的热膨胀性可用线膨胀系数或体积膨胀系数来表示，也可用线膨胀百分率或体积膨胀百分率表示。主要取决于其化学矿物组成和所承受的温度。

$$\beta_m = \frac{L_1 - L_0}{L_1(t - t_0)} \tag{1-1-7}$$

式中　β_m——制品的平均线膨胀率，$℃^{-1}$；

　　t_0，t——试样试验开始与终止温度，$℃$；

　L_0，L_1——试样分别在 t_0、t 时的长度，m。

b　导热性

这是指耐火材料传导热量的能力，用导热系数 λ 表示。影响其导热能力的主要因素是化学矿物组成、气孔率及温度。晶体的导热能力一般大于非晶体的玻璃质；气孔率大，导热能力低；大部分耐火材料（例如黏土砖和硅砖等）的导热性随温度升高而增加，而镁砖、碳化硅的导热性随温度升高而降低。

c　比热容

常压下加热 1kg 样品使之升温 1℃（K）所需的热量，称为耐火材料的比热容，用"c_p"表示。c_p 与矿物组成、气孔率及温度有关。表 1-1-1 列出了几种耐火材料的平均比热容。

表 1-1-1　耐火材料的平均比热容　　　　　　　（kJ/（kg·K））

温度范围/℃	25~600	25~1000	25~1200	25~1400
黏土砖	0.921	0.963	0.996	1.022
镁质	0.883	0.942	0.971	1.000
硅质	1.130	1.193	1.214	—

1.2.3.2　耐火材料的热工性质

通常用来表示耐火材料使用性能的一些指标，如耐火度、荷重软化温度、抗渣性、热稳定性、高温体积稳定性等，都是在特定的实验条件下测定出来的，和实际使用情况有一定差异。

A　耐火度

耐火材料抵抗高温而不变形的性能，称为耐火度。加热时，耐火材料中各种矿物组成之间会发生反应，并生成易熔的低熔点化合物而使之软化，故耐火度只是表明耐火材料软化到一定程度时的温度。

耐火度的测定：测定耐火度时，将耐火材料试样制成一个上底每边为 2mm，下底每边为 8mm，高30mm，截面呈等边三角形的三角锥体。把三角锥体试样和比较用的标准锥体放在一起加热。三角锥体在高温作用下软化而弯倒，当锥的顶点弯倒并触及底板（放置试锥用的）时，此时的温度（与标准锥比较）称为该材料的耐火度，三角锥体软倒情况如图 1-1-2 所示。

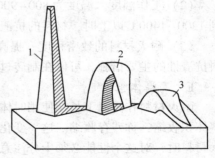

图 1-1-2　三角锥体软倒情况

1—软倒前；2—在耐火度下的软倒情况；
3—超过其耐火度时的软倒情况

应该注意的是，耐火度并不能代表耐火材料的实际使用温度。因为在实际使用时，耐火材料承受一定的机械强度，故实际使用温度比测定的耐火度低。当耐火材料的使用温度达到耐火度时，已经产生了大量的液相，而且还有荷重和炉渣的作用，所以耐火度不能作为使用温度来考虑，实际上仅作为耐火材料纯度的鉴定指标。

B　荷重软化温度

耐火材料在常温下的耐压强度很高，但在高温下发生软化，耐压强度就显著降低，一般用荷重软化温度来评定耐火材料的高温结构强度。荷重软化温度就是耐火材料受压发生一定变形量的温度。

测定方法：将待测耐火材料制成高为 50mm，直径为 36mm 的圆柱体试样，在 196kPa 的荷重压力下，按照一定的升温速度加热，测出试样的开始变形温度（从最高点下降 0.3mm）、压缩 4%（称为荷重软化点）及 40%（变形终了或坍塌）的温度。

C　耐急冷急热性

耐火材料抵抗温度急剧变化而不破裂或剥落的能力，称为热稳定性或称为耐急冷急热性。耐火材料的热稳定性是一个非常重要的性质，因为在很多情况下，耐火材料处于温度急剧变化的工作条件下。

测定方法：热稳定性的测定方法很多，我国颁布的测定方法是将试样在 850℃ 下加热 40min 后，再置于流动的冷水（10~20℃）中冷却，并反复进行几次，直到其脱落部分的质量达到最初总质量的 20% 时为止，此时其经受的耐急冷急热次数就作为该材料的温度极度抵抗性指标。

耐火材料的抵抗温度急变性能，除和它本身的物理性质（如膨胀型、导热性、孔隙度等）有关外，还与制品的尺寸、形状有关。一般薄的、尺寸不大和形状简单的制品，比厚的、尺寸较大和形状复杂的制品有较好的耐急冷急热性。

D　抗渣性

耐火材料在高温下抵抗炉渣侵蚀的能力，称为抗渣性。耐火材料受炉渣侵蚀的过程是很复杂的，因而使测定抗渣性的方法很难标准化。

影响材料抗渣性的主要因素有：

（1）炉渣化学性质。炉渣主要分酸性渣和碱性渣。含酸性较多的耐火材料，对酸性炉渣的抵抗能力强，对碱性炉渣的抵抗能力差；碱性耐火材料对碱性渣的抵抗能力强，对酸性渣的抵抗能力差。

（2）工作温度。温度为 800~900℃ 时，炉渣对材料的侵蚀作用不大显著，但温度达到 1200~1400℃ 以上时，材料的抗渣性就大大降低。

（3）耐火材料的致密程度。提高耐火材料的致密度，降低它的气孔率是提高耐火材料抗渣性的主要措施，可以在制砖过程中选择合适的颗粒配比和较高的成型压力。

E　高温体积稳定性

耐火材料在高温下长期使用时体积发生不可逆变化。有些体积膨胀，称残存膨胀，有些体积收缩，称残存收缩。这一变化严重时往往会引起炉子的开裂和倒塌。因此，使用耐火材料时，对这个性能必须十分注意。

镁砖在使用过程中常产生残存收缩，硅砖常产生膨胀现象。只有碳质制品的高温体积稳定性良好。各种耐火材料的残存膨胀和残存收缩的允许值一般为 0.5%~1.0% 范围内。

1.3　常用耐火材料及其特性

1.3.1　硅酸铝质耐火制品

硅酸铝质耐火制品是以氧化铝和二氧化硅为基本化学组成的耐火制品。按氧化铝的含量不同可分为黏土质、高铝质和半硅质三类。除主要成分外，耐火制品还含有 Fe_2O_3、TiO_2、CaO、Na_2O 和 K_2O 等杂质，这些杂质的存在会大大降低制品的耐火度。

Al_2O_3-SiO_2 二元系状态图如图 1-1-3 所示。Al_2O_3-SiO_2 二元系有两个共晶低熔点，由于杂质的存在会生成低熔点化合物，故它的开始熔化温度比共晶低熔点要低，杂质越多，硅酸铝质耐火材料的耐火性能越差。Al_2O_3-SiO_2 二元系有三个平衡相，即方石英（SiO_2结晶体）、莫来石（$3Al_2O_3 \cdot 2SiO_2$结晶体）和刚玉（α-Al_2O_3结晶体）。随着 Al_2O_3 含量的增加，方石英减少，莫来石和刚玉增加，液相线温度升高，硅酸铝质耐火材料的性能越好。

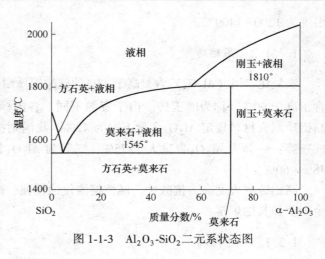

图 1-1-3　Al_2O_3-SiO_2 二元系状态图

1.3.1.1　黏土砖

黏土砖是指 Al_2O_3 含量为 30%~48%，SiO_2 含量为 45%~65% 的黏土质制品，在硅酸铝质耐火材料中最为常用。黏土砖的矿物组成主要是高岭石（$Al_2O_3 \cdot 2SiO_2 \cdot 2H_2O$）和 6%~7% 的杂质（钾、钠、钙、钛、铁的氧化物）。黏土砖是用 50% 的软质黏土和 50% 硬质黏土熟料，按一定的粒度要求进行配料，经成型、干燥后，在 1300~1400℃ 的高温下烧成，加工成本低廉。黏土砖的烧成过程，主要是高岭石不断失水分解生成莫来石（$3Al_2O_3 \cdot 2SiO_2$）结晶的过程。黏土砖中的 SiO_2 和 Al_2O_3 在烧成过程中与杂质形成共晶低熔点的硅酸盐，包围在莫来石结晶周围。

黏土砖属于弱酸性耐火制品，能抵抗酸性熔渣和酸性气体的侵蚀，对碱性物质的抵抗能力稍差。黏土砖的热性能好，耐急冷急热。

黏土砖的耐火度为 1580~1750℃，但荷重软化温度却比耐火度低很多，因为黏土砖中除含有高耐火度的莫来石结晶外，还含有接近一半的低熔点非晶质玻璃相。

在 0~1000℃ 的温度范围内，黏土砖的体积随着温度升高而均匀膨胀，线膨胀曲线近似于一条直线，线膨胀率为 0.6%~0.7%，只有硅砖的一半左右。在温度达 1200℃ 后再继续升温时，其体积将由膨胀最大值开始收缩。黏土砖的残余收缩导致砌体灰缝的松裂，这是黏土砖的一大缺点。当温度超过 1200℃ 时，黏土砖中的低熔点物逐渐熔化，因颗粒受表面张力作用而互相靠得很紧，从而产生体积收缩。

由于黏土砖的荷重软化温度低，在高温下产生收缩，导热性能比硅砖小 15%~20%，机械强度也比硅砖差，所以，黏土砖只能用于焦炉的次要部位，如蓄热室封墙、小烟道衬砖及蓄热室格子砖、炉门衬砖、炉顶以及上升管衬砖等。

轻质黏土砖是含铝量 30%~46% 的轻质耐火制品，以黏土熟料或轻质熟料为主要原料，通常采用可燃物法生产，也可采用化学法或泡沫法形成多孔结构。配料与水混合制成可塑泥料或泥浆，以挤压成型或浇注成型，干燥后于 1250~1350℃ 氧化气氛中烧成。常用的黏土砖的体积密度为 0.75~1.2g/cm³，现实中用密度为 1.0g/cm³ 的较多。轻质黏土砖的用途广泛，主要用于各种工业窑炉中不接触熔物和无侵蚀气体作用的隔热层材料，使用温度为 1200~1400℃。

1.3.1.2　高铝砖

三氧化二铝（Al_2O_3）含量高于48%的硅酸铝质耐火材料制品，称为高铝砖。如 Al_2O_3 含量高于 90%，称为刚玉砖。由于资源不同，各国标准也不完全一致。例如欧洲各国对高铝质耐火材料规定 Al_2O_3 含量下限为42%。我国则按高铝砖中 Al_2O_3 含量，通常将其分成三等：一等为 Al_2O_3 含量大于75%；二等为 Al_2O_3 含量 60%~75%；三等为 Al_2O_3 含量48%~60%。

高铝砖耐火度高，抗酸性、碱性熔渣侵蚀性强，高温机械强度大，因此广泛应用于冶金工业和其他炉窑。

1.3.1.3　半硅砖

SiO_2 含量大于65%，Al_2O_3 含量为15%~30%的耐火材料，属于半酸性耐火材料或称半硅砖，其耐火度不应低于1610℃。半硅砖的各种性能介于黏土砖和硅砖之间，其特点是：

（1）耐火度为 1650~1710℃。

（2）热稳定性比黏土砖差，因石英膨胀系数大。

（3）荷重软化开始温度为 1350~1450℃，因含有较多的石英，故比一般的黏土砖稍高。

（4）体积稳定性好，因为原料中黏土的收缩被 SiO_2 的膨胀所抵消，若含 SiO_2 多则会有残余膨胀产生。

（5）抗酸性渣的侵蚀性好。

半硅砖所用原料广泛，价格低，加之具有上述特性，所以使用范围较广，可以代替二、三等黏土砖。常用于砌筑化铁炉内衬。加热炉炉顶和烟囱等。

1.3.2　硅砖

硅砖是一种含 SiO_2 在 93%以上的氧化硅质耐火材料。二氧化硅在不同温度下的结晶状态（同素异形体）有下列几种晶型和变体：

（1）石英晶体：α-石英，β-石英。

（2）鳞石英晶体：α-鳞石英，β-鳞石英，γ-鳞石英。

（3）方石英晶体：α-方石英，β-方石英。

以上 α 是指较高温度下的结晶形态，β 和 γ 是指较低温度下的结晶形态。

SiO_2 的各种同素异晶体在不同温度下会发生转变，在烧成过程中所进行的各种结晶转变如图 1-1-4 所示。

硅砖的性能主要有：

（1）属酸性耐火材料，对酸性渣侵蚀的抵抗能力强，对碱性渣侵蚀的抵抗能力弱。

（2）耐火度较一般黏土砖高，达 1690~1730℃。

（3）荷重软化温度高，几乎接近其耐火度，一般都在 1620℃以上，这是硅砖的最大优点。

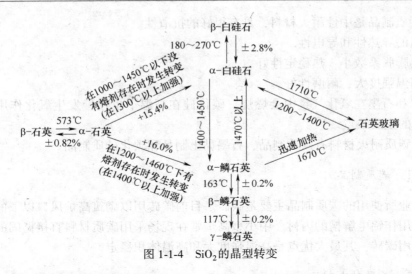

图 1-1-4 SiO₂ 的晶型转变

（4）热稳定性差，水冷次数只有 1~2 次，这主要是因为有高低型晶体转变的缘故，所以硅砖不宜用于温度有急变之处。

（5）体积稳定性差，加热时产生体积膨胀，故砌砖时必须注意留出适当的膨胀缝。此外，硅砖在低温下体积变化更大，所以烘烤炉子时，低温下（600℃以下）升温应缓慢。

（6）硅砖的真密度一般为 $2.33 \sim 2.42 \mathrm{g/cm^3}$，以小为好，真密度小，说明石英晶型转变完全，使用过程的残余膨胀就小。

硅砖是酸性冶炼设备的主要砌筑材料，也是炼焦炉、铜熔炼炉等不可缺少的筑炉材料。由于硅砖的荷重软化温度高，因而也可用在碱性平炉和电炉炉顶上，甚至蓄热室上层格子砖也可用它来砌筑。

1.3.3 镁质砖

镁质耐火材料是氧化镁含量在 80% 以上、以方镁石为主晶相的碱性耐火材料。常用的产品有冶金镁砂、镁砖、镁铝砖、镁铬砖和镁硅砖等。

冶金镁砂是由菱镁矿（$MgCO_3$）或海水提取的氢氧化镁经过高温焙烧而来，除用于制作镁砖外，还可作为许多炉子炉底的补炉材料。

镁砖耐火度较高（高于2000℃，属于高级耐火材料），耐碱性渣浸蚀性能好，但荷重软化温度较低（1500~1550℃），抗热震性能差（2~3次）。主要用于炼钢碱性平炉、电炉炉底和炉墙、氧气转炉的永久衬、有色金属冶炼炉、高温隧道窑、煅烧镁砖和水泥回转窑内衬、加热炉的炉底和炉墙、玻璃窑蓄热室格子砖等。

镁铬砖的性能与镁铝砖差不多，但其价格贵，应用较少。

1.3.4 碳质耐火材料

碳质耐火材料是用碳及其化合物制成的。包括碳质制品、石墨黏土质制品、碳化硅制品等。含碳耐火材料具有下列特性：

（1）耐火度高，因为碳实际上是不熔化的物质，在3500℃时升华。

（2）碳质制品是中性耐火材料，具有很好的抗渣性。

（3）高的导热性和导电性。

（4）热膨胀系数小，热稳定性好。

（5）高温强度大，耐磨性好。

（6）碳和石墨在氧化气氛中会燃烧，碳化硅在高温下也慢慢发生氧化作用，这是含碳耐火材料的主要缺点。

常见的碳质耐火材料有碳质制品、石墨黏土制品和碳化硅质制品。

1.3.4.1　碳质制品

冶金工业所使用的碳质制品主要是碳砖。目前碳砖用以砌筑高炉风口以下的炉缸和炉底部位，也用作铝电解槽的内衬。中小型高炉常在现场采用碳质材料直接捣固的技术。

高炉使用碳砖，其最大优点是高温强度大和高温体积稳定。

1.3.4.2　石墨黏土制品

石墨是碳的一种结晶形态，常见的石墨质耐火制品有熔炼金属的石墨坩埚及铸钢用的石墨塞头砖等，此外还可用作电极。

石墨黏土制品的特性，基本上与碳砖相同，其导热能力比碳砖更高。同时由于石墨晶型的抗氧化能力较强，加之石墨颗粒周围有黏土构成的保护膜，故石墨制品的抗氧化能力比碳砖强得多，可制作坩埚，直接在高温火焰中使用。不过石墨黏土制品的耐火度比碳砖低，一般在2000℃左右。这是因结合剂（耐火黏土）的耐火度低的缘故。

1.3.4.3　碳化硅质制品

碳化硅耐火制品是以碳化硅为原料，加入耐火黏土、石英等作结合剂，或不加结合剂（靠本身再结晶而结合）制成的。

碳化硅质制品基本上保留了上述碳质耐火材料所具有的特性。所不同的是加入了黏土等结合剂的制品，导致整个制品的耐火度及高温强度下降。以黏土结合的碳化硅制品，其耐火度大于1770℃，荷重软化开始温度为1620～1640℃。此外，碳化硅制品在较高温度下才易被氧化，抗氧化能力比碳砖强得多。

1.4　挂渣保护

在火法冶金生产过程中，许多冶金炉如鼓风炉、烟化炉、闪速炉以及转炉和电炉等都有金属质水套或水箱作为其水冷保护层，有些金属构件在水冷的同时进行挂渣保护，还有一些转炉（窑）的耐火砖内衬，进行热挂渣保护。这些措施均可延长炉衬的使用寿命。

1.4.1　水冷挂渣机理

高温冶金炉内耐火材料炉衬和熔融物之间的接触表面温度愈低，耐火砖的损失愈小。当接触表面的温度低于某一临界点时，熔融物便凝结，因而炉衬被固态渣覆盖而被保护。

由于炉衬外表面温度因水冷而保持恒定，温度梯度最大，因而热传导最强。局部热损失也最大，但热导率低的熔融物来不及将这些热量传导到衬砖最薄处，此处熔融物温度迅速降低，如果低于熔渣软化温度，则在衬砖表面形成起保护作用的一层致密固渣层，侵蚀即停止。

1.4.2 热挂渣保护

与水冷挂渣不同，在冶金炉内人为地将熔渣黏挂到炉壁上，以保护衬砖不被迅速损坏的方法，称为热挂渣保护。热挂渣保护一般可分为挂渣护炉和溅渣护炉两类。例如回转窑工作温度1300℃，一段时间内升温到1400℃，高温炉渣挂在壁上，起到保护作用。

1.5 绝热保温材料

1.5.1 概述

为了减少炉子砌体的导热损失，必须在耐火砖外层加砌绝热材料。绝热材料的特性包括：气孔率高，一般在50%以上，因此体积密度小，$500 \sim 1000kg/m^3$；热容量和导热系数小；机械强度和抗渣性差。

绝热材料用于炉体绝热，不仅减少通过炉体的热损失、提高燃料的利用率，而且有利于提高炉温、强化生产，改善炉子周围环境的劳动条件。实践证明：采用优质轻质砖代替耐火砖，可节能40%~60%，并使窑炉质量减轻，施工费用减少。

1.5.2 绝热材料的分类

1.5.2.1 按使用温度分

（1）低温绝热材料，使用温度低于900℃，如硅藻土、石棉、水淬渣和矿石棉等制品。

（2）中温绝热材料，使用温度为900~1200℃，如蛭石，轻质黏土砖等制品。

（3）高温绝热材料，使用温度高于1200℃，如轻质硅砖、轻质高铝砖、轻质镁砖，氧化铝空心球和耐火纤维等。

1.5.2.2 按体密度分

（1）一般绝热材料，体密度小于$1300kg/m^3$。

（2）常用绝热材料，体密度为$600 \sim 1000kg/m^3$。

（3）超轻质绝热材料，体密度小于$300kg/m^3$。

1.5.3 常用绝热材料

1.5.3.1 隔热砖

常用的隔热砖主要有黏土质、高铝质及硅藻土质的隔热耐火砖或制品，这些制品隔热性能好但耐压强度低，因此近期有的工厂已研究开发出了相应的轻质高强隔热砖，保持了低的导热系数，提高了制品的耐压强度和耐火度，不仅可用作隔热砖，在某些条件下还可直接用于砌筑炉衬。

1.5.3.2　其他绝热材料

其他常见的绝热材料有耐火纤维制品、岩棉和矿渣保温材料、膨胀珍珠岩制品。

耐火纤维又称陶瓷纤维，常用的是硅酸铝耐火纤维，其具有质轻、耐高温、热容量小、隔热性好、抗热震性能好、可加工性等优点，得到了广泛的应用。但也存在强度低、易受机械碰撞和气流冲刷、摩擦等作用而被损坏的缺点。

 思考题

1-1-1　耐火材料及保温材料的重要性怎样？试举例说明。

1-1-2　分析耐火材料的化学矿物组成对耐火材料性能的影响。

1-1-3　简述化学组成主要成分与抗渣性的关系。

1-1-4　耐火材料有哪些主要性质，它们与其用途的关系如何？

1-1-5　耐火材料制品有哪几种？列表比较其性能及用途。

1-1-6　若某种熔炼炉内炉渣为强碱性，该炉的炉膛应用什么耐火砖砌筑？

1-1-7　怎样延长炉子的工作寿命，水冷保护对炉衬挂渣有何意义？

1-1-8　水冷挂渣机理是什么？什么是热挂渣保护？

1-1-9　绝热材料的性能特点如何，绝热材料有哪几种，它们在性能与应用上有什么区别？

2 "三传"基本理论

炭素窑炉设备运行中的"三传"是指动量传输、热量传输、质量传输。传输理论又称为传输原理，是构成物理系统方面的理论基础。传输理论是近代科学技术发展过程中出现的一门独立学科。传输与传递、转移同义，都是指自然界不同条件下的物质或能量随空间与时间的变化。所谓传输现象，是指流体的动力过程、传热过程和物质传送过程等的统称。炭素窑炉生产过程中进行着动量、热量、质量的传递。通过了解窑炉的传输理论，将传输的某些原则用于炉子热工过程的分析，以及炭素材料的制备及加工工程实践中。

2.1 动量传输

物质在自然界中的存在形态有气、液、固三种。其中，气体与液体统称为流体。从传输的角度去研究流体力学问题，就是动量传输。因此，动量传输是研究流体在外界作用下运动规律的一门科学，它是传输现象中最基本的传输过程。流体在流动过程中存在着各种力、能、动量之间的平衡与传递。炭素制品生产中涉及动量传输，例如炭素生坯的成型过程中液体沥青的流动变形。动量、热量、质量传输常常同时存在，例如炭素回转窑煅烧过程中，炉内气固两相流动对煅烧过程有很大的影响。

学习本节的基本要求是：掌握流体的特性、流体的压缩性及膨胀性、流体黏度的单位及物理意义、牛顿黏性定律的物理意义及应用，了解流体上的作用力、能量及动量的物理意义，并能够将动量传输的基本规律应用到炭素制品的生产中。

2.1.1 流体的主要性质

流体是相对固体而言的，在自然界中能够流动的物质，如液体及气体统称流体。从物体的受力特点看，流体是在剪切应力的作用下会发生连续的变形的物质。流体除具有流动性外，还具有压缩性及黏性。

2.1.1.1 流动性

流体的流动性是区别于固体的在任意小的切应力作用下会发生明显的变形的特性。

2.1.1.2 压缩性和膨胀性

流体的压缩性是指流体的体积随所受的压力增加而减小，或随温度的升高而减小，相反过程则称为膨胀过程。

液体的压缩系数 κ 和膨胀系数 α 分别为：

$$\kappa = -\frac{1}{\mathrm{d}p}\frac{\mathrm{d}V}{V}$$

(1-2-1)

式中，κ 为压缩系数，表示温度不变时，单位压力变化所引起的液体体积相对变化量；p 为绝对压力；V 为体积。

$$\alpha = \frac{1}{dT}\frac{dV}{V} \qquad (1\text{-}2\text{-}2)$$

式中，α 为膨胀系数，表示压力不变时，单位温度变化所引起的液体体积相对变化量；T 为绝对温度。

通常，液体分子由于距离较近，压缩时，排斥力增大，从气体分子来说，难以压缩。气体分子间距较大，吸引力较小，V 受 T、p 的影响较大。

2.1.1.3 黏性

在做相对运动的两流体层的接触面上，存在一对等值而反向的作用力来阻碍两相邻流体层做相对运动，流体的这种性质称为流体的黏性。由黏性产生的作用力称为黏性力或内摩擦力。两层流体间阻力的形成包括以下两种形式：

（1）由于分子做不规则运动时，各流体层之间互有分子迁移掺混，快层分子进入慢层时给慢层以向前的碰撞，交换能量，使慢层加速，慢层分子迁移到快层时，给快层以向后碰撞，形成阻力而使快层减速。这就是分子不规则运动的动量交换形成的黏性阻力。

（2）当相邻流体层有相对运动时，快层分子的引力拖动慢层，而慢层分子的引力阻滞快层，这就是两层流体之间吸引力所形成的阻力。

牛顿黏性定律：单位面积上的黏性力（黏性切应力、内摩擦应力）为：

$$\tau_{yx} = \frac{F}{A} = \mu\frac{dv_x}{dy} \qquad (1\text{-}2\text{-}3)$$

式中　F——流体的黏性力，N；
　　　A——接触面积，m^2；
　　　μ——流体黏性的比例系数，$(N\cdot s)/m^2$。

τ_{yx} 表示在 y 方向上有速度变化，流向为 x 方向；负号表示动量是从流体的高速流层传向低速流层。

2.1.1.4 连续性

流体是在空间上和时间上连续分布的物质。

2.1.2 流体上的作用力、能量、动量

作用在流体上的力可分为表面力及体积力两大类。表面力是作用在流体表面上，且与表面积成比例的力，如静压力、表面张力。体积力是作用在流体内部质点上，与流体质量成比例的力，又称质量力，如重力、惯性力、电磁力等。

流体单位面积上的各种作用力，实际上就相当于单位体积流体所具有的各相应能量。例如，流体的静压力就相当于单位体积流体的静压能。尽管两者的物理意义不同，但它们的数值及单位均相同。故测得流体的静压力，就会得到单位体积流体静压能的数值。

流体在单位时间内通过单位面积所传递的动量就相当于单位面积上的作用力或单位体积上的能量。由此看来，无论作用力、能量还是动量均可视为流体在流动过程中所具有的

同类物理量的不同表现形式。因此，它们之间可以相互平衡、传递及转换。从这个意义上说，流体的动量传输也就是力、能的平衡与转换过程。

2.1.3 动量传输的基本定律

根据起因不同，流体流动有自然流动和强制流动之分，流体流动过程遵循质量守恒、动量守恒和能量守恒定律，在流场中取微元体建立的基本方程如表 1-2-1 所示。

表 1-2-1 动量传输的基本方程及含义

方程名称	方 程 含 义
连续性方程	流体的质量平衡方程
N-S 方程	黏性流体的动量平衡方程
欧拉方程	理想流体的动量平衡方程
伯努利方程	理想流体、稳定流体、不可压缩流体的能量平衡方程
静力平衡方程	静止流体的能量平衡方程

在应用这些方程时，应注意其适用条件，如微分形式的元体范围，管流积分形式的稳定流动、缓变流等。

2.1.4 冶金与材料制备及加工中的动量传输

在冶金与材料制备及加工中存在着特殊的流体流动。气液两相流动主要有气体流过液体表面、气体喷向液体表面、气体喷入液体内部等流动方式。其流动特征对冶炼过程有很大影响。根据力平衡关系，气固两相流动有固定料层流动、流化料层流动和气动输送过程三种形式。气流速度超过料块的自由沉降速度时，料块被气流带走，即进入气动输送过程。

2.2 热 量 传 输

热量传输简称传热，它是极为普遍而又重要的物理现象。由温度差引起的热量传递过程，统称为热量传输，简称传热。根据热力学原理，热量总是自动地由高温体向低温体传递，物体间温差越大，热量传递也就越容易。在热量传输中，温差是传热动力，温度分布是第一要素。传热学应用非常广泛，如热动、材料、微电子技术、航空航天技术等。本节要明确研究传热的目的是研究其传递方式以及在特定条件下热量的传递速率。从这个意义上说，研究传热可分为两方面：一方面是如何提高传热效率，即如何提高生产率的问题；另一方面是如何降低传热效率，即提高热效率、降低能耗的问题。

2.2.1 基本传热方式

在传热文献中，通常认为热量的传输有三种基本方式，即传导传热、对流传热和辐射传热。

2.2.1.1 传导传热

传导传热，又称导热，指在一连续介质内若有温度差存在，或者两温度不同的物体直接接触时，在物体内没有可见的宏观物体流动时所发生的传热现象。其基本特点有：

（1）依靠物体中微观粒子（分子、原子及自由电子等）的无规则热运动；

（2）物体各部分不发生宏观相对位移；

（3）导热是物质固有的本质，无论气体、液体还是固体都有导热本领。

热传导的主要条件是温度差，这取决于物体本身的物理性质。

2.2.1.2　对流传热

流体流过某表面时与后者之间进行的热交换，称为对流传热。流体流动是对流传热的前提。按流体流动起因，对流传热分为两种：自然对流给热和强制对流给热。前者因流体本身温度不同（密度差）引起的自然流动时流体与表面间的换热；后者由各种外力引起的流体运动时流体与表面间的换热。按流体流动性质又有层流对流传热与紊流对流传热之分。对流传热的条件也为温度差，取决于流体本身的物性、流动状态。

2.2.1.3　辐射传热

物体因受热发出热辐射，高温物体向低温物体热辐射，同时低温物体向高温物体热辐射，最终结果是高温物体失去热量而低温物体得到热量。辐射传热不需要物体作传热媒介，而是依靠物体发射电磁波来传递热量。其发生条件为温度差，取决于两物体空间位置（辐射角系数）和物体表面辐射特性（黑度）。

辐射传热的传热规律与传导、对流热量传输截然不同，有着本质的区别。由于窑炉一般温度较高，所以辐射传热占有重要地位。

2.2.2　传热基本方程

实践证明，各种传热过程的传热量都和温度差 Δt、传热面积 A、传热时间 τ 成正比。

$$Q = K \cdot \Delta t \cdot A \cdot \tau \tag{1-2-4a}$$

$$\phi = K \cdot \Delta t \cdot A \tag{1-2-4b}$$

$$q = K \cdot \Delta t \tag{1-2-4c}$$

式中　Q——总热流量，J；

ϕ——热流量，J/s(W)；

q——热通量，W/m^2；

K——传热系数，W/m^2 · ℃；

τ——时间，s。

热流量 ϕ 为单位时间传递的热量；热通量（热流密度）q 是单位时间通过单位面积传递的热量；传热系数 K 是单位时间、单位面积、温度差为 1℃ 时传递的热量，即单位传热量。

式（1-2-4b）及式（1-2-4c）可改写为：

$$\phi = \frac{\Delta t}{\dfrac{1}{KA}} = \frac{\Delta t}{R} \tag{1-2-5a}$$

$$q = \frac{\Delta t}{\dfrac{1}{K}} = \frac{\Delta t}{r} \tag{1-2-5b}$$

式中 R——传热面积上的总热阻,℃/W;

r——单位传热面积上的热阻,$m^2 \cdot$ ℃/W。

所谓热阻,即为阻碍热量传递的阻力。

传热系数 K 和热阻 R 是传热中两个极为重要的概念。凡遇到求解传热的实际问题时,关键就是求出这两个值。为了强化传热就要设法增加 K 或减小 R,反之亦然。

2.2.3 温度场、等温面及温度梯度

2.2.3.1 温度场

温度场随空间及时间的变化规律,在直角坐标系中温度场的数学表达式为:

$$t = f(x, y, z, \tau) \tag{1-2-6}$$

式中 t——空间某一点在某一时刻的温度;

τ——时间;

x, y, z——空间某点的坐标。

若温度场不随时间而变化,称为稳定温度场。反之,称为不稳定温度场。稳定温度场下的传热,称为稳定传热或定态传热,反之亦然。

稳定传热的数学表达式为:

$$t = f(x, y, z) \tag{1-2-7a}$$

不稳定传热的数学表达式为:

$$t = f(x, y, z, \tau) \tag{1-2-7b}$$

稳定传热的特点是 $\partial t/\partial \tau = 0$,故物体的蓄热量没有改变。稳定导热一般只存在于物体内部的导热过程,有流体存在的热量传输过程几乎不会遇到单纯的导热情况。稳定导热是不稳定导热的特例。在工程上,很多热设备在正常工作过程可认为是稳定导热。比如通过炉墙向外散热,除了开始升温阶段外,在正常工作期间可认为是稳定导热。

不稳定传热的特点是 $\partial t/\partial \tau \neq 0$,即物体的蓄热量将发生改变。不稳定导热可以分为周期性及非周期性两大类。周期性不稳定导热的特点是物体中各点温度随时间而发生周期性的变化。例如建筑壁内温度随着外界空气温度及太阳辐射的变化而发生周期性的变化(周期为24h)。在非周期性不稳定导热中,物体的温度随时间不断升高或降低,越来越接近四周介质的温度。例如金属在加热炉中加热,炉墙在升温过程中的加热等均属非周期性的不稳定导热。

2.2.3.2 等温面

温度场中,同一时刻温度相同的点所构成的面即为等温面。一平面与等温面的交线称为等温线。

2.2.3.3 温度梯度

等温面上没有温度变化,只有穿过等温面才有温度的变化。等温面法线方向单位距离上的温度变化量(最大温度变率)称为温度梯度。其表达式为:

$$\text{grad}t = \frac{\partial t}{\partial l} \qquad\qquad (1\text{-}2\text{-}8)$$

温度梯度是向量，习惯上规定由低温指向高温的方向为正方向。温度梯度表明温度的变化率，它明确地表明了温度差的相对大小，即温度差在空间上变化的大小。因此可以说温度梯度就是热量传输的动力或根本条件。

2.2.4　传热基本定律

这里所说的基本定律是针对导热和对流而言，辐射传热的基本定律不在这里讨论。

2.2.4.1　傅里叶导热定律

傅里叶（J. B. Fourier）在研究固体稳定导热时，综合了实验数据的结果，提出了导热定律。

A　稳定温度场的建立

设有厚为 δ 的大平板（无限宽），初温为 t_0，开始时板温均匀，板的导热性质与温度无关。在 $\tau = \tau_0$ 时刻，板下面的温度突然跃升到 t_x 并保持不变，于是与该面相邻的各层逐次吸热升温，热量开始传输，此时，板内温度场如图 1-2-1（a）所示。图 1-2-1（b）给出了三个时刻的温度场，此段时间内，相邻各层逐次吸热升温，热量沿板厚方向传递，温度场连续变化是不稳定温度场。图 1-2-1（c）表示经过足够长时间后，板内温度场趋于稳定，温度分布不变，稳定温度场已经建立，这时就到达了稳定导热阶段。

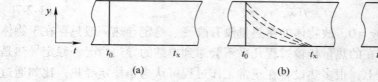

图 1-2-1　稳定温度场的建立
(a) $\tau = \tau_0$；(b) $\tau = \tau$；(c) $\tau \to \infty$

B　傅里叶导热定律

在稳定导热状态下，傅里叶提出了以下导热方程：

$$q = -\lambda \frac{\partial t}{\partial y} \qquad\qquad (1\text{-}2\text{-}9a)$$

$$\phi = -\lambda \frac{\partial t}{\partial y} A \qquad\qquad (1\text{-}2\text{-}9b)$$

对于多维导热，则有

$$q = -\lambda \frac{\partial t}{\partial n} \qquad\qquad (1\text{-}2\text{-}10a)$$

$$\phi = -\lambda \frac{\partial t}{\partial n} A \qquad\qquad (1\text{-}2\text{-}10b)$$

式中　λ——导热系数，$W/(m \cdot ℃)$。

以上各式表明，物体的导热通量与温度梯度成正比，热流量与温度梯度及与热流方向垂直的传递面积成正比。

C 导热系数

由式（1-2-10a）得：

$$\lambda = -\frac{q}{\partial t/\partial n} \qquad (1\text{-}2\text{-}11)$$

导热系数是表征物体导热能力的物性参数，即温度梯度为 1 单位时，单位时间通过单位面积的导热量。其物理意义为：两等温面温差为 1℃、相距为 1m 时，单位面积（1m²）、单位时间内所传递的热量。

导热系数与物体的种类有关，还和温度、密度、湿度、压力等有关。其中温度影响最大。对于许多工程材料，在一定温度范围内可认为导热系数与温度呈线性关系，即：

$$\lambda = \lambda_0(1 + bt) \qquad (1\text{-}2\text{-}12a)$$

$$\lambda = \lambda_0 + at \qquad (1\text{-}2\text{-}12b)$$

式中　λ_0——0℃时的导热系数；

　　a，b——由实验确定的常数。

D 热量传输系数

将傅里叶定律数学式（1-2-9a）改写为：

$$q = -\lambda\frac{\partial t}{\partial y} = -\frac{\lambda}{c_p\rho}\frac{\partial(c_p\rho t)}{\partial y} = -a\frac{\partial(c_p\rho t)}{\partial y} \qquad (1\text{-}2\text{-}13)$$

式中　ρ——密度，kg/m³；

　　c_p——比热容，kJ/(kg·℃)；

　　λ——导热系数，W/(m·℃)；

　　a——热量传输系数（又称导温系数），$a = \dfrac{\lambda}{c_p\rho}$（m²/s），$a$ 表示物体对热量的传输能力；

　　$c_p\rho t$——温度为 t 的物体单位体积的热焓；

$\dfrac{\partial(c_p\rho t)}{\partial y}$——单位体积物体的热量梯度。

因此，傅里叶定律也可以表述为：由物体热量传输系数所决定的热通量与单位体积物体的热量梯度成正比。

a 和 λ 的区别在于，a 考虑了热焓的变化而 λ 未考虑。在不稳定传热过程中，热焓随时间变化，同时又有热量的传导。a 将两者有机地结合起来。a 大，表示物体传递热量的能力强或物体传递热量的速度快，a 小则正好相反，故 a 是不稳定导热的重要参数。在稳定导热中由于热焓不变，则只需考虑 λ。

2.2.4.2 傅里叶-克希荷夫导热微分方程

傅里叶-克希荷夫导热微分方程是对微团即微元体（简称元体）做能量平衡而求得的。为简化起见，首先做几点假设：

（1）无内热源（如化学反应的热效应）。

（2）摩擦热忽略不计。

（3）常物性物体，λ、c_p、ρ 等为常数，与温度无关。

图 1-2-2 所示为直角坐标系中流体流场中的任一平行六面微元体，对该元体而言，能量守恒表示为：

[元体热收入]－[元体热支出]＝[元体热蓄积]

$$（1-2-14）$$

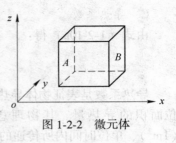

图 1-2-2　微元体

流体的流速 ω 分解为三个坐标分量 ω_x、ω_y、ω_z，分别讨论三个方向的热传输量。在流体流动的情况下，热传输量为对流传输量与传导传输量之和。

A　元体的对流传输量

以 x 方向为例，通过 A 面的流速为 ω_x，进入元体的体积流量应为 $\omega_x dydz$。设流体的热容为 c，密度为 ρ，A 面的温度为 t，则通过流体带入 A 元体的热量为 $c\rho t\omega_x dydz\big|_A$。经 B 面带出的热量为 $c\rho\left(t+\dfrac{\partial t}{\partial x}dx\right)\left(\omega_x+\dfrac{\partial \omega_x}{\partial x}dx\right)dydz\bigg|_B$，因此，对流热收支差为 $-c\rho\left(t\dfrac{\partial \omega_x}{\partial x}+\omega_x\dfrac{\partial t}{\partial x}\right)dxdydz$。$y$ 方向、z 方向元体的对流热收支差只需将上式中 ω_x 换成 ω_y、ω_z。

B　元体的导热热量传输

自 A 面导入元体的热量为 $-\lambda\dfrac{\partial t}{\partial x}dydz\bigg|_A$，经 B 面带出的热量为 $-\lambda\dfrac{\partial}{\partial x}\left(t+\dfrac{\partial t}{\partial x}dx\right)dydz\bigg|_B$，因此，导热热收支差为 $\lambda\dfrac{\partial^2 t}{\partial x^2}dxdydz$。$x$ 方向总的热收支差为 $\left[\lambda\dfrac{\partial^2 t}{\partial x^2}-c\rho\left(t\dfrac{\partial \omega_x}{\partial x}+\omega_x\dfrac{\partial t}{\partial x}\right)\right]dxdydz$。

C　元体的热量蓄积

元体的热量蓄积就是元体热焓的变化，表现为温度对时间的变率。设元体温度对时间的变化率为 $\dfrac{\partial t}{\partial \tau}$，则热焓的变化为 $c\rho\dfrac{\partial t}{\partial \tau}dxdydz$。根据式（1-2-14）等于元体热蓄积，整理得到

$$\dfrac{\partial t}{\partial \tau}+v_x\dfrac{\partial t}{\partial x}+v_y\dfrac{\partial t}{\partial y}+v_z\dfrac{\partial t}{\partial z}=a\left(\dfrac{\partial^2 t}{\partial x^2}+\dfrac{\partial^2 t}{\partial y^2}+\dfrac{\partial^2 t}{\partial z^2}\right)$$，这就是傅里叶-克希荷夫导热微分方程。

傅里叶-克希荷夫导热微分方程中 $\dfrac{\partial t}{\partial \tau}$ 代表元体的热量蓄积；$v_x\dfrac{\partial t}{\partial x}+v_y\dfrac{\partial t}{\partial y}+v_z\dfrac{\partial t}{\partial z}$ 代表元体对流热量传输差量；$a\left(\dfrac{\partial^2 t}{\partial x^2}+\dfrac{\partial^2 t}{\partial y^2}+\dfrac{\partial^2 t}{\partial z^2}\right)$ 代表元体导热热量传输差量。因此，方程式的物理意义表示流体在流动过程中的热量平衡关系，适用于满足假设条件的对流导热过程。

2.2.5　热辐射的基本定律

2.2.5.1　热辐射的基本概念

A　热辐射的本质

如前所述，热辐射的产生是由于热引起的电磁波辐射。电磁波的特性取决于波长或频

率。电磁波有很宽的波长范围,通常把 $\lambda = 0.76 \sim 1000 \mu m$ 的电磁波叫做热射线,其中包括可见光、部分紫外线和红外吸纳,它们投射到物体上能产生热效应。

热射线的本质决定了热辐射过程具有如下特点:

(1) 热辐射与传导、对流不同,它不依靠物质的接触而进行热量传输,而传导和对流都需要冷热物体直接接触或通过中间介质相接触,才能进行热量传输。

(2) 辐射传热过程中伴随着能量的两次转换,即物体的内能转化为辐射能以电磁波形式发射出去,此辐射能射到另一物体上被吸收时又转化为内能。

(3) 一切物体只要温度 $T > 0K$,都在不断地发射热射线。当物体间有温差时,高温物体辐射给低温物体的能量大于同时间低温物体辐射给高温物体的能量,因此,总的结果是高温物体把热量传给低温物体,这就是以辐射方式进行的热量传输。若物体的温度相同,则处于热的动态平衡状态。

B 辐射能的吸收、反射和投射

热射线与光的特性相同,所以光的投射、反射、折射规律对热射线也同样适用。

如图 1-2-3 所示,当辐射能 G 投射到物体表面时,其中一部分能 G_A 被吸收,一部分 G_R 被反射,一部分 G_D 被透过,根据能量守恒定律有:

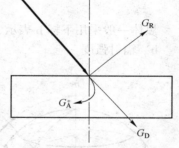

$$G_A + G_R + G_D = G \qquad (1\text{-}2\text{-}15)$$

两边同时除以 G,得到:

$$A + R + D = 1 \qquad (1\text{-}2\text{-}16)$$

式中 A——吸收率;

R——反射率;

D——透过率。

图 1-2-3 热射线被吸收、反射、透过示意图

讨论:当 $A = 1$,$R = D = 0$ 时,物体能将外界投射来的辐射能全部吸收,称为绝对黑体,简称黑体。当 $R = 1$,$A = D = 0$ 时,物体能将外界投射来的辐射能全部反射,称为绝对白体,简称白体。当 $D = 1$,$A = R = 0$ 时,外界投射到物体上的辐射能全部透过物体,称为绝对透明体,简称透明体或介热体、透热体。

自然界中没有黑体、白体和透明体。比如,烟煤的 $A \approx 0.97$。绝大多数工程材料可认为 $D = 0$,如金属、耐火材料等,即使厚度很薄也可认为 $A + R = 1$。气体对热射线几乎不能反射,所以可认为 $R = 0$,$A + D = 1$。

应当指出,上面所说的黑体、白体、透明体均是对热射线而言,而不是对可见光而言。白颜色的物体不一定是白体,例如白雪对可见光反射率很高,但对来自温度不太高的物体所发射的热射线而言,其吸收率 A 约等于 0.98,非常接近黑体。

C 黑体模型

前已述及,自然界和工程应用中,完全符合理想要求的黑体、白体和透明体虽然并不存在,但和它们很相像的物体却是有的。黑体的辐射规律是辐射换热的基础,所以认为构造一个能满足不同精度要求的黑体模型实属必要。如图 1-2-4 所示,具有一个小孔的等温空腔表面,若有外部投射辐射从小孔进入空腔内,必将在其内表面经历无数次的吸收和反射,最后能够从小孔重新透出去的辐射能量必定微乎其微。认为几乎全部入射能量都被空腔吸收殆尽。从这个意义上说，小孔非常接近黑体的性质。

D　辐射力和辐射强度

所有的固体和液体表面都随时向其上方的整个空间（称为半球空间）发射不同波长的辐射能量。为了进行辐射换热的工程计算，必须研究物体辐射能量随波长的分布特性，以及在半球空间各个方向上的分布规律。

a　辐射力

黑体具有最大的吸收力（$A=1$），同时亦具有最大的辐射力（$E=1$）。所谓辐射力 E 是指单位时间内，物体的单位表面积向半球空间发射的所有波长的能量总和（W/m^2）。其物理意义从

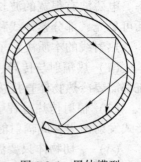

图 1-2-4　黑体模型

总体上表征物体发射辐射能本领的大小。单位时间内，物体的单位表面积向半球空间发射的某一特定波长的辐射能量，描述辐射能按波长分布，称为单色辐射力，用 E_λ 表示，单位为 $W/(m^2 \cdot \mu m)$。显然，E 与 E_λ 之间具有如下关系：

$$E = \int_0^\infty E_\lambda d\lambda \tag{1-2-17}$$

黑体一般采用下标 b 表示，如黑体的辐射力为 E_b，黑体的光谱辐射力为 $E_{b\lambda}$。

b　辐射强度

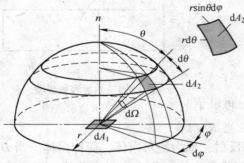

图 1-2-5　dA_1 上某点对 dA_2 所张开的立体角

单位时间内，与某一辐射方向垂直的单位辐射面积在单位立体角发射的全部波长的辐射能量，称为辐射强度。其单位为 $W/m^2 \cdot Sr$。这里的 Sr 为球面度是立体角的单位，它被定义为给定方向上半球体被立体角所切割的面积 dA_2 除以半径 r 的平方来表示，$d\omega = dA_2/r^2$。因此环绕发射辐射能表面 dA_1 的半球空间的立体角为 2π，见图 1-2-5。

同理，若辐射强度指某波长 λ 下波长间隔 $d\lambda$ 范围内发射的能量，称为单色辐射强度。用 $I\lambda$ 表示，单位为 $W/(m^2 \cdot \mu m \cdot Sr)$。

2.2.5.2　热辐射的基本定律

热辐射的基本定律，很多与黑体有关。这里主要介绍普朗克定律和斯蒂芬-玻耳兹曼定律。

A　普朗克定律

普朗克在量子力学理论的基础上，确立了黑体单色辐射能力 $E_{\lambda b}$ 与波长 λ、绝对温度之间的函数关系：

$$E_{\lambda b} = \frac{c_1 \lambda^{-5}}{\exp\left(\dfrac{c_2}{\lambda T}\right) - 1} \tag{1-2-18}$$

式中　$E_{\lambda b}$ ——黑体单色辐射能力，$W/(m^2 \cdot \mu m)$；

λ——波长，μm；

T——绝对温度，K；

c_1——普克朗第一常数，3.743×10^8，$W\cdot\mu m^4/m^2$；

c_2——普克朗第二常数，$\mu m\cdot K$。

B 斯蒂芬-玻耳兹曼定律

研究热辐射及辐射换热时，人们最关心的不是单色辐射能力，而是全波长总辐射能力，对黑体而言，其辐射能力为：

$$E_b = \int_0^\infty E_{\lambda b}d\lambda \tag{1-2-19}$$

代入式（1-2-17），得到

$$E_b = \int_0^\infty E_{b\lambda}d\lambda = \int_0^\infty \frac{c_1\lambda^{-5}}{\exp\left(\dfrac{c_2}{\lambda T}\right)-1}d\lambda = \sigma_0 T^4 \tag{1-2-20}$$

式中　σ_0——黑体辐射常数，5.67×10^{-8}，$W/(m^2\cdot K^4)$。

为了便于计算高温时辐射，将上式改写为：

$$E_b = c_0\left(\frac{T}{100}\right)^4 \tag{1-2-21}$$

式中　c_0——黑体的辐射系数，5.67，$W/(m^2\cdot K^4)$

式（1-2-21）就是斯蒂芬-玻耳兹曼定律，它可表述为黑体的辐射能力与绝对温度的四次方成正比。

2.3　质　量　传　输

质量传输以物质传递的运动规律为研究对象，它与动量、热量传输共同组成统一的传输理论。

物质从物体或空间的某一部分传递到另一部分的现象，即为质量传输过程。自然界中的物体本身都是由一定的物质组成的，空间也常为一定物质所占据。所以对质量传输过程可定义为，如在一体系内存在着一种或两种以上不同物质的组分，而当其中一种或几种组分的浓度分布不均匀时，则各组分浓度较高的部分就会向浓度较低的部分转移，这种过程称为质量传输，简称传质。显然，物质组成的浓度是进行质量传输的推动力，传输的方向总是朝浓度低的方向进行。

与动量、热量传输类似，质量传输也分为物性传质及对流传质两种。物性传质是物体本身多具有的传输特性的传质过程，是微观分子运动引起的，即常见的扩散现象，所以物性传质也常称为扩散传质。由流体流动过程引起的质量传输过程称对流传质，它发生在流体或流体或固体之间的传输，因流体质点宏观运动而引起，当然，流体流动过程也同时存在扩散传质。

质量传输是动量、热量传输过程的基础和条件，这三种传输过程又具有类似的规律及数学表达式。因此在动量、热量传输中所建立的基本概念、定律均有助于质量传输的研究和解析。

2.3.1   质量传输的基本概念

2.3.1.1   浓度

浓度是一种重要的表示组成分数的形式，在传质问题中占有重要地位。在传输理论中浓度被定义为：参与传质过程的混合物（溶体）中，某一组分的浓度是指单位体积混合物中该组成物质量的多少。浓度的表达形式主要有质量浓度和摩尔浓度两种。

A   质量浓度

单位体积内的质量定义为质量浓度。组分 A 的质量浓度 ρ_A：单位容积混合物中含有组分 A 的质量：

$$\rho_A = \frac{m_A}{V} \tag{1-2-22a}$$

若混合物由几种组分构成，则混合物的质量浓度为：

$$\rho = \sum_{i=1}^{n} \rho_i \tag{1-2-22b}$$

组分 A 的质量浓度与总质量浓度之比，称为质量分数 ω_A：

$$\omega_A = \frac{\rho_A}{\sum_{i=1}^{n} \rho_i} = \frac{\rho_A}{\rho} \quad \sum_{i=1}^{n} \omega_i = 1 \tag{1-2-23}$$

B   摩尔浓度

组分 A 的摩尔浓度 c_A：单位容积混合物中含有组分 A 的摩尔数。

$$c_A = \frac{\rho_A}{M_A} \tag{1-2-24a}$$

对于理想气体混合物中的组成 A，由于遵从克拉贝龙方程，故摩尔浓度为：

$$c_A = \frac{n_A}{V} = \frac{p_A}{RT} \tag{1-2-24b}$$

混合物的摩尔浓度为：

$$c = \sum_{i=1}^{n} c_i \tag{1-2-24c}$$

组分 A 的摩尔浓度与总摩尔浓度之比，称为摩尔分数：

$$y_A = \frac{c_A}{c} \tag{1-2-25}$$

C   浓度场和浓度梯度

质量传输过程中，参与传质过程的任一组分，某瞬间在空间各坐标点上有一定的浓度值，组分的浓度在空间上的分布及随时间而变化的函数，称为该组分的浓度场，其数学表达式为：

$$c_i = f(x, y, z, \tau) \tag{1-2-26}$$

与温度场一样，浓度场也有稳定与不稳定之分。$\partial c_i / \partial \tau = 0$ 为稳定浓度场，$\partial c_i / \partial \tau \neq 0$

为非稳定浓度场。对应浓度场的稳定与否，传质过程也有稳定传质和不稳定传质之分。

浓度梯度的概念与温度梯度类似，对一维传质过程为：

$$\mathrm{gradt} c_i = \frac{\partial c_i}{\partial \tau} \tag{1-2-27}$$

2.3.1.2 分子扩散概念

在静止的系统中，由于浓度梯度而产生的质量传递，称为分子扩散。

A 分子扩散速度

在扩散过程中要产生混合气体的整体流动。混合气体的整体流动速度等于混合气体中各组成气体速度的平均值。

整体流动的质量平均速度：

$$u = \frac{\sum\limits_{i=1}^{n} \rho_i u_i}{\rho} \tag{1-2-28a}$$

整体流动的摩尔平均速度：

$$u_M = \frac{\sum\limits_{i=1}^{n} c_i u_i}{c} \tag{1-2-28b}$$

式中 u_i——组分 i 的速度。

B 通量

通量（即扩散速率）是指在垂直于浓度梯度方向的单位面积上，单位时间内所通过的物质量，简称通量。通量是浓度和速度的乘积，其单位由相应的浓度和速度的单位确定，可以是质量通量 kg/($m^2 \cdot$ s) 或摩尔通量 mol/($m^2 \cdot$ s) 等。

2.3.2 质量传输的基本定律

2.3.2.1 菲克第一定律

菲克第一定律是表明稳定扩散传质过程的基本定律。

在浓度扩散条件下，物质的扩散通量数学表达式是菲克根据热流类比求得的。菲克第一定律表述为组分 i 每单位时间通过单位面积的质量传输正比于浓度梯度，其数学表达式为：

$$n_i = - D_i \frac{\partial c_i}{\partial x} \tag{1-2-29}$$

式中 n_i——单位时间通过单位面积的质量传输量及质量通量，mol/($m^2 \cdot$ s)；

D_i——i 组分的扩散系数；

c_i——i 组分的摩尔浓度；

$\dfrac{\partial c_i}{\partial x}$——浓度梯度。

式（1-2-29）的负号表示质量传输的方向与浓度梯度的方向相反。

与动量传输的牛顿黏性定律和热量传输的傅里叶定律类似，"三传"具有相类似的微分方程式，可以用共同的形式表示为：

$$[传输通量] = [传输率] \times [传输动力] \tag{1-2-30}$$

菲克第一定律可直接用于求解扩散质点浓度分布不随时间变化的稳定扩散问题。

2.3.2.2　菲克第二定律

菲克第二定律是表明不稳定传质特征的规律。

对一维的不稳定扩散传质微分方程具有表达式

$$\frac{\partial c_i}{\partial \tau} = D_i \frac{\partial^2 c_i}{\partial x^2} \tag{1-2-31a}$$

三维表达式为

$$\frac{\partial c_i}{\partial \tau} = D\left(\frac{\partial^2 c_i}{\partial x^2} + \frac{\partial^2 c_i}{\partial y^2} + \frac{\partial^2 c_i}{\partial z^2}\right) \tag{1-2-31b}$$

菲克第二定律说明在不稳定扩散传质过程中，浓度随时间的变化率与浓度梯度变化率的关系。

菲克第一定律与菲克第二定律均为质量传输的基本微分方程式，它们所描述的是传质过程的最一般的规律。

 思考题

1-2-1　什么是传输理论？可分为哪几个？定义分别是什么？

1-2-2　流体的性质有哪些？

1-2-3　传热的基本方式有哪些？列表比较其异同点。窑炉以哪种传热方式为主？

1-2-4　传热动力和温度分布的第一要素是什么？质量传输的推动力是什么？

3 燃料与燃烧

3.1 概 述

能源的种类很多，有燃料、电力、太阳能、水能、风能、潮汐能、地热能和原子能等。但从目前来看，窑炉主要依赖于燃料的燃烧，其次为电力。在冶金行业的能源消耗中，碳质燃料达到30%，即冶金工业的能源主要是碳质燃料，如煤、石油、天然气。因此，在冶金生产过程中，正确地选择和使用燃料，对提高炉子生产率、降低生产成本，改善劳动条件，都具有特别重要的意义。

3.1.1 燃料的定义及分类

3.1.1.1 燃料的定义

凡是在燃烧时（剧烈的氧化）能够放出大量的热，并且此热量能够经济地被利用在工业和其他方面的物质，统称为燃料。所谓有效的利用，是指利用这些热源在技术上是可能的，在经济上是合理的。为此作为工业燃料应满足以下要求：

(1) 燃烧时能放出大量的热量，能满足生产工艺对热量的需要。
(2) 燃烧过程便于控制和调节。
(3) 燃烧产物主要是气体，且对人、动物和设备没有危害。
(4) 蕴藏量大，便于开采和运输，成本低。

3.1.1.2 燃料的分类

在自然界中可作燃料的物质，按其物态及来源进行分类，如表1-3-1所示。

表 1-3-1 燃料的分类

燃料物态	来源	
	天然燃料	人造燃料
固体	木柴、煤、硫化矿、可燃页岩等	木炭、焦炭、粉煤、块煤、团煤、硫化矿、精矿
液体	石油	汽油、煤油、重油、焦油、酒精等
气体	天然气	高炉煤气、发生炉煤气、沼气、石油裂化气

3.1.2 燃烧过程与窑炉工作的关系

使用燃料的炉子中，燃烧装置是炉子的重要组成部分，而燃料的燃烧过程是炉子热工过程的重要内容。所以，燃烧过程不仅影响炉子的产量和质量，而且还影响炉子的使用寿命、车间的劳动生产条件和操作环境等。同时，还在很大程度上决定产品的成本。

在炉子设计与生产中考虑如何合理地选用燃料，如何选择和计算燃烧装置，以及如何保证冶炼所需的高温等是非常重要的。因此，必须很好地组织炉内的燃烧过程，掌握燃料的特性及其燃烧过程的规律和燃烧计算，合理地设计燃烧器。

3.2　燃　　料

3.2.1　燃料的组成与换算

燃料的化学成分和发热量是燃料的两个基本特征，也是评定燃料的两个主要指标。

3.2.1.1　气体燃料的化学组成与换算

A　化学组成

气体燃料包括煤气、天然气、石油液化气及沼气，统称燃气。燃气是由各种简单气体组成的混合物（分可燃和不可燃成分）。

气体混合物组分中，有一部分是可燃气体，如 CO、H_2、CH_4、C_nH_m 等碳氢化合物，以及 H_2S。其中碳氢化合物燃烧热最高，H_2 次之，CO 最低。显然，这些可燃成分含量越高，则气体燃料的发热量也越高。H_2S 虽然燃烧放热，但产物 SO_2 有毒，属有害成分。气体燃料中另一部分组分为不可燃成分，包括 N_2、CO_2、SO_2、O_2、H_2O 等以及微量的粉尘。不可燃成分的存在降低燃气质量，且在燃烧过程中吸热，使燃烧温度降低。

B　气体燃料组成的表示方法和换算

气体燃料的成分通常以体积分数表示。

气体燃料包括水分在内的体积分数称为湿成分，表示为：

$$CO^S + H_2^S + \cdots + N_2^S + H_2O^S = 100\% \tag{1-3-1}$$

不含水分的体积分数称为干成分，表示为：

$$CO^g + H_2^g + \cdots + N_2^g = 100\% \tag{1-3-2}$$

因为实际使用的燃料都有水分，故湿成分即为实用成分。

若已知干成分，则可根据下列关系换算为湿成分：

在标准状态下 1kg 水蒸气的体积为：

$$\frac{22.4}{18} = 1.24 \, \text{m}^3/\text{kg}$$

若 1m^3 干燃气中水的含量为 $g^g_{H_2O}$，则 100m^3 干燃气所含水蒸气的体积为：

$$\frac{g^g_{H_2O} \times 100}{1000} = 0.124 g^g_{H_2O}$$

此时 100m^3 干燃气包含水蒸气体积在内时湿燃气的体积为：

$$100 + 0.124 \, g^g_{H_2O}$$

根据质量守恒原理，对 CO 存在下列关系：

$$\mathrm{CO}^S(100+0.124\,g^g_{\mathrm{H_2O}}) = \mathrm{CO}^g \times 100$$

即
$$\mathrm{CO}^S = \mathrm{CO}^g\,\frac{100}{100+0.124g^g_{\mathrm{H_2O}}} \qquad (1\text{-}3\text{-}3a)$$

同理
$$\mathrm{H}_2^S = \mathrm{H}_2^g\,\frac{100}{100+0.124g^g_{\mathrm{H_2O}}} \qquad (1\text{-}3\text{-}3b)$$

因此燃气干、湿成分的换算可总结，如下：以 M^S 表示某组分的湿成分，M^g 表示该组分的干成分，则：

$$m^S = m^g \times \frac{100}{100+0.124g^g_{\mathrm{H_2O}}} \qquad (1\text{-}3\text{-}4)$$

式中　$g^g_{\mathrm{H_2O}}$——每 $1\mathrm{m}^3$ 干燃气在一定的温度下所吸收的饱和水蒸气量，$\mathrm{g/m}^3$，可根据温度由有关手册查得（见附录一）。

水分在湿燃气的体积分数可依下式计算：

$$\mathrm{H_2O}^S = 0.124g^g_{\mathrm{H_2O}}\,\frac{100}{100+0.124g^g_{\mathrm{H_2O}}} \qquad (1\text{-}3\text{-}5)$$

例 1-3-1　已知高炉煤气的干成分（%），CO^g 为 27.2%，H_2^g 为 3.2%，CH_4^g 为 0.2%，CO_2^g 为 14.7%，O_2^g 为 0.2%，N_2^g 为 54.5%，试求该煤气在 30℃ 时的湿成分。

解：查附录得高炉煤气在 30℃ 时饱和水量 $=35.1\mathrm{g/m}^3$，以此求得换算系数为：

$$\frac{100}{100+0.124g^g_{\mathrm{H_2O}}} = \frac{100}{100+0.124\times35.1} = 0.9583$$

则各组分的湿成分为：

$$\mathrm{CO}^S = \mathrm{CO}^g \times 0.9583 = 27.2\% \times 0.9583 = 26.06\%$$
$$\mathrm{H}_2^S = \mathrm{H}_2^g \times 0.9583 = 3.2\% \times 0.9583 = 3.07\%$$
$$\mathrm{CH}_4^S = \mathrm{CH}_4^g \times 0.9583 = 0.2\% \times 0.9583 = 0.19\%$$
$$\mathrm{CO}_2^S = \mathrm{CO}_2^g \times 0.9583 = 14.7\% \times 0.9583 = 14.09\%$$
$$\mathrm{O}_2^S = \mathrm{O}_2^g \times 0.9583 = 0.2\% \times 0.9583 = 0.19\%$$
$$\mathrm{N}_2^S = \mathrm{N}_2^g \times 0.9583 = 54.5\% \times 0.9583 = 52.23\%$$
$$\mathrm{H_2O}^S = 0.124\times35.1\,\frac{100}{100+0.124\times35.1} = 4.17\%$$

3.2.1.2　固体和液体燃料的化学组成与换算

固体及液体燃料的基本化学组成物，主要是构成各种化学形式的有机物质。

A　固液体燃料的化学组成

固液体燃料的化学成分通常采用元素分析方法，这些有机物的组成元素有 C、H、O、N、S、灰分（A）和水分（W）7 种元素。

碳（C）：碳在固体燃料中以单质和化合物状态存在，在液体燃料中全以化合物存在（与氢、氧、氮组合）。碳能够燃烧，它是固、液体燃料中的主要可燃成分。碳燃烧热大，约为 33913kJ/kg。因此含碳量越大，燃烧能力越强。

氢（H）：氢在固、液体燃料中以两种形式存在，一种是与碳、硫化合的氢，称可燃氢或有机氢，能燃烧且放出大量的热（是碳的 3.5 倍），另一种是与氧化合的氢，不能燃烧。

氧（O）：固、液体燃料中氧与碳、氢等元素化合后，既不能燃烧、又不能助燃，降低燃料的质量。

氮（N）：固、液体燃料中的氮是惰性物质，不能燃烧；它的存在，使燃料中的可燃质减少，降低燃料的质量。且在 2000℃ 的高温下与氧气生成 NO_x 有害气体。

硫（S）：硫在固、液体燃料中以三种形式存在：（1）有机硫，与碳、氢化合的硫，能燃烧；（2）黄铁矿硫，与铁化合为 FeS_2，能燃烧；（3）硫酸盐硫，存在于各种硫酸盐中，如 $CaSO_4$、$FeSO_4$ 中的硫，不能燃烧。（1）、（2）两种又称为可燃硫或挥发硫，但产物为 SO_2，有毒，要求硫含量小于 1%。

灰分（A）：燃料中不能燃烧的矿物质，其主要成分有 SiO_2、Al_2O_3、Fe_2O_3、CaO 等。不仅降低可燃组成的含量，影响燃烧过程，而且影响冶炼过程。低熔点的灰分影响更大，易熔化形成炉结，妨碍通风，清渣困难，故一般要求灰分熔点大于 1300℃，灰分含量不超过 10%~13%。

水分（W）：水分不仅降低燃料的质量，而且在燃烧过程中，由于水的蒸发消耗热量，使燃烧温度降低。

B　固液体燃料的表示方法及换算

固液体燃料成分常用各化学组成的质量分数表示，包括实用成分、干燥成分、可燃成分、有机成分。

实用成分是燃料的全部化学组成包括水分和灰分在内的成分，表示方法为：

$$C^y + H^y + O^y + N^y + S^y + A^y + W^y = 100\% \tag{1-3-6}$$

干燥成分是不含水分的成分，即：

$$C^g + H^g + O^g + N^g + S^g + A^g = 100\% \tag{1-3-7}$$

可燃成分是不含水分和灰分的成分，即：

$$C^r + H^r + O^r + N^r + S^r = 100\% \tag{1-3-8}$$

有机成分是除去水分、灰分和硫的成分，它是评价燃料化工特性的重要指标，即：

$$C^j + H^j + O^j + N^j = 100\% \tag{1-3-9}$$

以上四种表示方法可以进行互相换算，其换算关系的前提是各化学组成的质量绝对值不变。换算系数见表 1-3-2。

表 1-3-2　固液体燃料各化学成分的换算系数

已知成分	预换算成分			
	有机成分	可燃成分	干燥成分	实用成分
有机成分	1	$\dfrac{100 - S^r}{100}$	$\dfrac{100 - (A^g + S^g)}{100}$	$\dfrac{100 - (S^y + A^y + W^y)}{100}$
可燃成分	$\dfrac{100}{100 - S^r}$	1	$\dfrac{100 - A^g}{100}$	$\dfrac{100 - (A^y + W^y)}{100}$
干燥成分	$\dfrac{100}{100 - (A^g + S^g)}$	$\dfrac{100}{100 - A^g}$	1	$\dfrac{100 - W^y}{100}$
实用成分	$\dfrac{100}{100 - (S^y + A^y + W^y)}$	$\dfrac{100}{100 - (A^y + W^y)}$	$\dfrac{100}{100 - W^y}$	1

例如，对碳而言，已知其可燃成分 C^r，则碳的实用成分 $C^y = C^r \dfrac{100 - (A^y + W^y)}{100}$。

例1-3-2 已知烟煤的成分（%）为：C^r80.67、H^r4.85、O^r13.10、N^r0.8、S^r0.58、A^g10.92、W^y3.2，求该煤的实用成分。

解：先将 A^g 换成 A^y，查表1-3-2得到换算系数：

$$A^y = \frac{100 - W^y}{100} \times A^g = \frac{100 - 3.2}{100} \times 10.92\% = 10.58\%$$

再从表中查出可燃成分，换算为实用成分的换算系数为：

$$\frac{100 - (A^y + W^y)}{100} = \frac{100 - (10.58 + 3.2)}{100} = 0.862$$

则各组分的实用成分为：

$$C^y = 0.862 \times 80.67\% = 69.55\%$$
$$H^y = 0.862 \times 4.85\% = 4.18\%$$
$$O^y = 0.862 \times 13.10\% = 11.29\%$$
$$N^y = 0.862 \times 0.8\% = 0.69\%$$
$$S^y = 0.862 \times 0.58\% = 0.51\%$$

$C^y+H^y+O^y+N^y+S^r+A^y+W^y = (69.55+4.18+11.29+0.69+0.51+10.58+3.2)\% = 100\%$

3.2.2 燃料发热量及计算

3.2.2.1 燃料的发热量

燃料的发热量，又称为发热值或简称热值。是指单位质量（或单位体积）燃料在完全燃烧时放出的热量，用"Q"表示，单位是"kJ/m^3"或"kJ/kg"。它是评价燃料好坏的重要标准，也是燃烧计算的重要依据之一。根据燃烧产物中水存在的状态不同，又可分为高发热量 Q_{GW} 和低发热量 Q_{DW}。

单位质量（或单位体积）燃料在完全燃烧后，燃烧产物冷却至20℃，产物中的水则冷凝为0℃时，所放出的热量称为高发热量，用"Q_{GW}"表示。Q_{GW} 只是一个在实验室内鉴定燃料的指标，在工程上，燃烧产物的水蒸气不可能冷凝到0℃的液体状态。

单位质量（或单位体积）燃料在完全燃烧后，燃烧产物冷却至20℃，产物中的水也为20℃时，所放出的热量，称为低发热量，用"Q_{DW}"表示。

高发热量和低发热量的关系由下式确定：

$$Q_{GW} = Q_{DW} + 25.122 (W^y + 9H^y) \tag{1-3-10}$$

式中，W 和 H 为水和 H 的质量分数值。

要说明的是，1kg水由0℃汽化并加热到20℃所消耗的汽化热为2512.2kJ；燃烧产物中水的来源包括燃料中含有的水和燃料中的 H 燃烧生产的水。

3.2.2.2 标准燃料的概念

规定发热量为29309kJ/kg 的燃料为千克标准燃料。例如发热量为 $Q_{DW} = 24201kJ/kg$ 的烟煤，其千克标准燃料为24201/29309 = 0.83kg。

3.2.2.3　发热量的计算

A　气体燃料的发热量

燃气发热量是可燃气体燃烧放出热量之和，即：

$$Q_{DW} = 126.2CO^S + 107.8H_2^S + 359.1CH_4^S + 597.7C_2H_4^S + \cdots + 231.2H_2S^S$$

$$(1-3-11)$$

式中，CO^S、H_2^S、CH_4^S、$\cdots$为 $100m^3$ 湿燃气中各成分的体积，m^3。

例 1-3-3　根据例 1-3-1 的计算结果，求高炉煤气的低发热量。

解： 由式（1-3-11）可知，高炉煤气的低发热量为：

$$
\begin{aligned}
Q_{DW} &= 126.2\ CO^S + 107.8H_2^S + 359.1CH_4^S \\
&= 126.2 \times 26.06 + 107.8 \times 3.07 + 359.1 \times 0.19 \\
&= 3736 kJ/m^3
\end{aligned}
$$

B　固液体燃料的发热量

由于固液体燃料的化合物非常复杂，所以很难根据成分获得准确的结果，目前多采用经验公式，其中应用广泛的是门捷列夫公式。

$$Q_{DW} = 339C^y + 1030H^y - 109(O^y - S^y) - 25W^y \qquad (1-3-12)$$

式中，C^y、H^y、O^y、S^y、W^y 为 100kg 实用燃料中各元素及水的质量，kg；Q_{DW} 为固液体燃料的低发热量，kJ/kg。

例 1-3-4　根据例 1-3-2 的计算结果，求烟煤的低发热量 Q_{DW}。

解： 由式（1-3-12）可知，烟煤的低发热量为：

$$
\begin{aligned}
Q_{DW} &= 339C^y + 1030H^y - 109(O^y - S^y) - 25W^y \\
&= 339 \times 69.55 + 1030 \times 4.18 - 109 \times (11.29 - 0.51) - 25 \times 3.2 \\
&= 26596 kJ/kg
\end{aligned}
$$

3.3　燃　烧　计　算

3.3.1　概述

燃料燃烧计算是根据燃料在燃烧过程中的物质平衡的原理进行的。它是炉子热工计算的重要组成部分。燃料燃烧计算的内容有燃烧需要的空气量、燃烧产物的生成量、成分和密度以及燃烧的温度。这些基本参数都是炉子设计及实际工作中必须掌握的，而且必须是首先算出的。

为了燃烧计算简便，计算过程的假设条件为：

（1）气体的体积按标准状态（0℃，101325Pa）下的体积计算。在标准状态下，1kmol 的任何气体，其体积为 $22.4m^3$。

（2）燃料的化学成分，按实际使用状态时成分计算，即固体（液体）燃料为应用成分，气体燃料为湿成分。

（3）燃料完全燃烧，当温度不高于 2100℃时，不计热分解消耗的热量和分解的产物。

（4）燃料燃烧需要的氧气来自空气。空气的成分由 O_2 和 N_2 组成，不计其他气体。按体积，空气中 O_2 的含量为 21%，N_2 的含量为 79%。如果需要按湿空气计算时，则取饱和水蒸气的含量。

3.3.2 空气消耗量、燃烧产物及其成分

3.3.2.1 气体燃料的分析计算

A 空气消耗量的计算

燃气燃烧的空气需要量包括理论空气需要量 L_0 和实际空气需要量 L_n。理论空气需要量是根据燃气完全燃烧反应计算出来的。从表 1-3-3 可看出各反应物与生成物之间的体积比例关系。但在实际燃烧过程中，由于燃料与空气混合不均匀，造成不完全燃烧，因此，为减少或避免不完全燃烧，实际空气需要量比理论空气需要量多。前者与后者的比值为空气消耗系数，用 n 来表示。

表 1-3-3 标准状态下 100m³ 燃气燃烧时的燃烧反应

湿成分 /%	燃烧反应（体积比）	需氧体积 /m³·m⁻³	燃烧产物体积/m³·m⁻³				
			CO_2	H_2O	SO_2	N_2	O_2
CO^S	$CO + \frac{1}{2}O_2 = CO_2$ $1 : \frac{1}{2} : 1$	$\frac{1}{2}CO^S$	CO^S				
H_2^S	$H_2 + \frac{1}{2}O_2 = H_2O$ $1 : \frac{1}{2} : 1$	H_2^S		H_2^S			
CH_4^S	$CH_4 + 2O_2 = CO_2 + 2H_2O$ $1 : 2 : 1 : 2$	$2CH_4^S$	CH_4^S	$2CH_4^S$			
$C_nH_m^S$	$C_nH_m + (n + \frac{m}{4})O_2 = nCO_2 + \frac{m}{2}H_2O$ $1 : n + \frac{m}{4} : n : \frac{m}{2}$	$(n + \frac{m}{4})C_nH_m^S$	$nC_nH_m^S$	$\frac{m}{2}C_nH_m^S$			
H_2S^S	$H_2S + \frac{3}{2}O_2 = SO_2 + H_2O$ $1 : \frac{3}{2} : 1 : 1$	$\frac{3}{2}H_2S^S$		H_2S^S	H_2S^S		
CO_2^S	不燃烧		CO_2^S				
SO_2^S	不燃烧				SO_2^S		
O_2^S	消耗	O_2^S					
N_2^S	不燃烧					N_2^S	
H_2O^S				H_2O^S			

标准状态下，燃烧 1m³ 的煤气所需要的氧气量为：

$$O_2 = \frac{1}{100}\left[\frac{1}{2}CO^S + \frac{1}{2}H_2^S + 2CH_4^S + (n + \frac{m}{4})C_nH_m^S + \frac{3}{2}H_2S^S - O_2^S\right] \quad (1\text{-}3\text{-}13)$$

　　因此，理论空气需要量为：

$$L_0 = \frac{100}{21}O_2 = \frac{100}{100 \times 21}\left[\frac{1}{2}CO^S + \frac{1}{2}H_2^S + 2CH_4^S + \left(n + \frac{m}{4}\right)C_nH_m^S + \frac{3}{2}H_2S^S - O_2^S\right]$$

$$(1\text{-}3\text{-}14)$$

　　实际空气需要量的计算：

$$L_n = nL_0 \qquad\qquad (1\text{-}3\text{-}15)$$

式中，n 由表 1-3-4 选定。

　　过剩空气量　　　　$$\Delta L = L_n - L_0 = (n-1)L_0$$

表 1-3-4　各种燃料燃烧时空气消耗系数 n 的经验值

燃烧过程	烟煤	无烟煤/焦炭	褐煤	粉煤	重油	煤气
人工操作	1.50~1.70	1.40~1.45	1.50~1.80	1.20~1.25	1.20~1.25	1.15~1.20
自动控制操作	机械加煤：1.20~1.40	—	—	1.15	1.15	1.05~1.10

　　B　燃烧产物量的计算

　　根据燃烧反应的物质平衡原理，燃料燃烧产物的计算内容有气态产物的生成量、气态产物的成分及密度。

　　碳质燃料燃烧生成的气态产物主要有 CO_2、H_2O、SO_2、N_2、O_2，它们是由燃料中的可燃物质燃烧生成或非可燃物（除灰分）转入的，以及助燃空气带入的。标准状态下 $1m^3$ 的湿燃气完全燃烧时生成的产物量 V_n 为各成分生成量之和，即：

$$V_n = V_{CO_2} + V_{SO_2} + V_{N_2} + V_{O_2} + V_{H_2O} \qquad (1\text{-}3\text{-}16a)$$

　　由表中的燃气燃烧反应的产物量及空气带入的 N_2、O_2 和水分量，计算燃烧产物量：

$$V_n = \left[CO^S + H_2^S + 3CH_4^S + \left(n + \frac{m}{2}\right)C_nH_m^S + CO_2^S + 2H_2S^S + SO_2^S + N_2^S + \right.$$

$$\left. H_2O^S\right] \times \frac{1}{100} + \left(n - \frac{21}{100}\right)L_0 + 0.00124 g_{H_2O}^g L_n \qquad (1\text{-}3\text{-}16b)$$

　　C　燃烧产物成分计算

　　燃烧产物成分是燃烧产物中各组分所占的体积分数：

$$CO_2' = \frac{V_{CO_2}}{V_n} \times 100 = \frac{(CO^S + CH_4^S + C_nH_m^S + CO_2^S)/100}{V_n} \times 100\%$$

$$H_2O' = \frac{V_{H_2O}}{V_n} \times 100 = \frac{(H_2^S + 2CH_4^S + \frac{m}{2}C_nH_m^S + H_2S^S + H_2O^S)/100 + 0.00124 g_{H_2O}^g L_n}{V_n} \times 100\%$$

$$SO_2' = \frac{V_{SO_2}}{V_n} \times 100 = \frac{(H_2S^S + SO_2^S)/100}{V_n} \times 100\%$$

$$N_2' = \frac{V_{N_2}}{V_n} \times 100 = \frac{N_2^S/100 + 0.79 L_n}{V_n} \times 100\%$$

$$O_2' = \frac{V_{O_2}}{V_n} \times 100 = \frac{0.21(n-1)L_0}{V_n} \times 100\%$$

$$(1\text{-}3\text{-}17)$$

D 燃烧产物密度的计算

燃烧产物的密度为各组分质量之和除以燃烧产物的总体积。若已知各组分的体积，则乘以各组分的密度就得到各组分的质量。例如，CO_2 的质量为 $CO_2' V_n \times \dfrac{44}{22.4} \times \dfrac{1}{100}$，因此，燃烧产物的密度为：

$$\rho_0 = \frac{44CO_2' + 18H_2O' + 64SO_2' + 28'N_2' + 32O_2'}{22.4 \times 100} \quad (1\text{-}3\text{-}18a)$$

若不知燃烧产物的成分，则可按下式计算

$$\rho_0 = \frac{1}{V_n} \left[28CO^S + 2H_2^S + (12n+m)C_nH_m^S + 44CO_2^S + 34H_2S^S + 32O_2^S + \right.$$

$$\left. 28N_2^S + 18H_2O \right] \times \frac{1}{100 \times 22.4} + \frac{1.293}{V_n} L_n \quad (1\text{-}3\text{-}18b)$$

3.3.2.2 固液体燃料的分析计算

A 空气需要量的计算

固液体燃料理论空气需要量的计算和燃气的计算方法一样，其燃烧反应如表 1-3-5 所示。

表 1-3-5 100kg 固、液体燃料燃烧时的燃烧反应

燃料各组分的含量		反应方程式（摩尔比）	需氧体积/kmol	燃烧产物体积/kmol				
应用成分/%	kmol			CO_2	H_2O	SO_2	N_2	O_2
C^y	$\dfrac{C^y}{12}$	$C+O_2=CO_2$ $1:1:1$	$\dfrac{C^y}{12}$	$\dfrac{C^y}{12}$				
H^y	$\dfrac{H^y}{2}$	$H_2+\dfrac{1}{2}O_2=H_2O$ $1:\dfrac{1}{2}:1$	$\dfrac{H^y}{2}$		$\dfrac{H^y}{2}$			
S^y	$\dfrac{S^y}{32}$	$S+O_2=SO_2$ $1:1:1$	$\dfrac{S^y}{32}$			$\dfrac{S^y}{32}$		
O^y	$\dfrac{O^y}{32}$	消耗掉	$\dfrac{O^y}{32}$					
N_2^y	$\dfrac{N_2^y}{28}$	不燃烧					$\dfrac{N_2^y}{28}$	
W^y	$\dfrac{W^y}{18}$	不燃烧			$\dfrac{W^y}{18}$			
A^y		不燃烧，无气态产物						

根据表 1-3-5 分析，可得出 1kg 燃料完全燃烧的所需理论空气量：

$$L_0 = \frac{22.4 \times 100}{21 \times 100} \times \left(\frac{C^y}{12} + \frac{H^y}{4} + \frac{S^y}{32} - \frac{O^y}{32} \right) \quad (1\text{-}3\text{-}19)$$

实际空气需要量 $L_n = nL_0$。

B 燃烧产物量的计算

由表 1-3-5 可计算固液体燃料燃烧产物量：

$$V_{n} = \left(\frac{C^{y}}{12} + \frac{H^{y}}{2} + \frac{S^{y}}{32} + \frac{W^{y}}{18} + \frac{N^{y}}{28} \right) \times \frac{22.4}{100} + \left(n - \frac{21}{100} \right) L_{0} + 0.00124 g_{H_2O}^{g} L_{n}$$

$$(1-3-20)$$

C　燃烧产物成分的计算

$$CO_2' = \frac{V_{CO_2}}{V_n} \times 100\% = \frac{\frac{22.4}{100} \times \frac{C^y}{12}}{V_n} \times 100\%$$

$$H_2O' = \frac{V_{H_2O}}{V_n} \times 100\% = \frac{\frac{22.4}{100} \times \left(\frac{H^y}{2} + \frac{W^y}{18} \right) + 0.00124 g_{H_2O}^g L_n}{V_n} \times 100\%$$

$$SO_2' = \frac{V_{SO_2}}{V_n} \times 100\% = \frac{\frac{22.4}{100} \times \frac{S^y}{32}}{V_n} \times 100\%$$ $$\left. \right\} \quad (1-3-21)$$

$$N_2' = \frac{V_{N_2}}{V_n} \times 100\% = \frac{\frac{22.4}{100} \times \frac{N^y}{28} + 0.79 L_n}{V_n} \times 100\%$$

$$O_2' = \frac{V_{O_2}}{V_n} \times 100\% = \frac{0.21 (n-1) L_0}{V_n} \times 100\%$$

D　燃烧产物密度的计算

当已知燃烧产物成分时，计算方法同气体燃料。当不知燃烧产物成分时，可按下式计算：

$$\rho_0 = \frac{(1 - A^y) + 1.293 L_n}{V_n}$$

$$(1-3-22)$$

3.3.3　燃烧温度及其计算

燃烧温度的计算不仅是评价燃料优劣的重要手段，而且是设计炉子及炉子操作的重要参数。

炉内温度的高低是保证炉子工作的重要条件。以燃料供热的炉子，炉温的高低主要取决于燃料燃烧产物的温度。根据燃烧条件不同，燃烧温度分为理论温度和实际温度。

理论温度是指在绝热的条件下，燃料完全燃烧时达到的温度 t_{th}。该温度可根据燃料燃烧过程的热平衡关系求得。按照单位（m^3 或 kg）燃料燃烧计算，实际燃烧过程有热收入、热支出。

热收入包括：燃料完全燃烧放出的热量 Q_{DW}、燃料带入的物理热 Q_f、空气带入的物理热 Q_a。热支出包括：燃烧产物吸收的热量 $Q_{c.p}$、燃烧产物高温下热分解消耗的热量 $Q_{t.d}$、燃料不完全燃烧而损失的热量 Q_i、由燃烧产物传给周围物体的热量 $Q_{t.c}$。根据热平衡原理，燃料燃烧过程的热收入等于热支出，即：

$$Q_{DW} + Q_f + Q_a = Q_{c.p} + Q_{t.d} + Q_i + Q_{t.c}$$

$$(1-3-23)$$

其中，

$$Q_{c.p} = V_n c_{c.p} t_{c.p}$$

$$(1-3-24)$$

式中 $c_{c.p}$ ——燃烧产物的平均热容，kJ/($m^3 \cdot$℃)；

$t_{c.p}$ ——燃烧产物的实际燃烧温度，℃。

由以上关系式，可得燃烧的实际燃烧温度：

$$t_{c.p} = \frac{Q_{DW} + Q_f + Q_a - Q_{t.d} - Q_i - Q_{t.c}}{V_n c_{c.p}} \qquad (1\text{-}3\text{-}25)$$

因为影响 $t_{c.p}$ 的因素很多，所以不能用上式直接算出。若燃烧温度不超过2100℃，燃烧产物就很少发生热分解，燃料在绝热条件下完全燃烧，$Q_{t.d}$、Q_i、$Q_{t.c}$ 可忽略不计。则式（1-3-23）变为：

$$Q_{DW} + Q_f + Q_a \approx Q_{c.p} = V_n c_{c.p} t_{c.p}$$

燃料燃烧的理论燃烧温度为：

$$t_{th} = \frac{Q_{DW} + Q_f + Q_a}{V_n c_{c.p}} \qquad (1\text{-}3\text{-}26)$$

由于燃烧产物的平均热容 $C_{c.p}$ 是理论燃烧温度 t_{th} 的函数。为了计算简便，工程上往往利用 $I\text{-}t$ 图图解法近似计算。$I\text{-}t$ 图如图 1-3-1 所示。

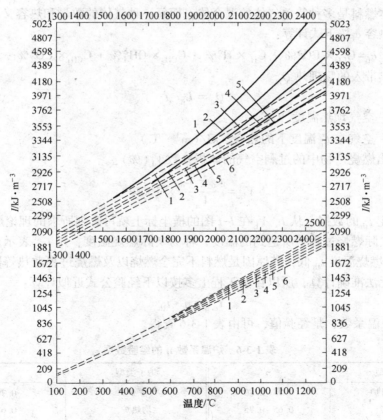

图 1-3-1 $I\text{-}t$ 图

1—$V_L = 0\%$；2—$V_L = 20\%$；3—$V_L = 40\%$；4—$V_L = 60\%$；5—$V_L = 80\%$；6—$V_L = 100\%$（空气）；

V_L—燃烧产物中过剩空气的体积分数

（注：适用于重油、烟煤、无烟煤、焦炭、发生炉煤气及 $Q_w = 8360 \sim 12540 kJ/m^3$ 的高炉–焦炉混合煤气等的燃烧产物）

$$t_{th} = f(I, V_L) \tag{1-3-27}$$

式中　I——燃烧产物在理论燃烧温度时的热含量，kJ/m^3；

　　　V_L——过剩空气在燃烧产物中的体积分数，%。

根据已知的 I 和 V_L，便可由图中查得理论燃烧温度 t_{th}。其计算方法如下：

(1) 求出燃烧产物的理论热含量。燃烧产物的理论热含量是假设在燃烧过程中不存在任何热损失的理想条件下，燃烧产物单位体积中所含的物理热，以 I 表示。根据式 (1-3-26)，其计算式为：

$$I = t_{th} c_{c.p} = \frac{Q_{DW} + Q_f + Q_a}{V_n} \tag{1-3-28}$$

燃料的物理热 Q_f，对于固液体燃料，一般不进行预热，而在常温下含有的物理热很少，可忽略不计。对于燃气，往往进行预热，其含有的物理热可计算为：

$$Q_f = c_f t_f \tag{1-3-29}$$

式中　c_f——燃料的平均热容，$kJ/(m^3 \cdot ℃)$；

　　　t_f——燃料的预热温度，℃。

由于气体燃料是多种简单气体的混合体，而每一种气体的数量和热容又不相同，因此燃气的平均热容 c_f 按下式计算：

$$c_f = C_{CO} \times CO^S\% + C_{H_2} \times H_2^S\% + C_{CH_4} \times CH_4^S\% + C_{CO_2} \times CO_2^S\% \cdots \tag{1-3-30}$$

空气预热带入的物理热 Q_a

$$Q_a = L_n c_a t_a \tag{1-3-31}$$

式中　t_a——空气预热温度，℃；

　　　c_a——空气在 t_a 温度下的热容，$kJ/(m^3 \cdot ℃)$。

(2) 求出燃烧产物中的过剩空气的体积分数 $V_L(\%)$：

$$V_L = \frac{L_n - L_o}{V_n} \times 100\% \tag{1-3-32}$$

(3) 确定 t_{th} 的数据。从 I、V_L 在 $I-t$ 图的横坐标上就可查到所求的理论燃烧温度。

燃料在实际燃烧过程中所达到的温度，称为实际燃烧温度，用 $t_{c.p}$ 表示。实际燃烧温度 $t_{c.p}$ 比理论燃烧温度 t_{th} 低，其原因是燃料不完全燃烧以及燃烧过程散热等因素造成的热损失。由于无法准确计算，所以目前工程上多按以下经验公式近似计算：

$$t_{c.p} = \eta \cdot t_{th} \tag{1-3-33}$$

式中，η 为炉温系数，是经验值，可由表 1-3-6 查得。

表 1-3-6　炉温系数 η 的经验数据

炉子类型	η	炉子类型	η
炼铜反射炉	0.75~0.80	平炉	0.70~0.74
回转窑	0.65~0.75	均热炉	0.68~0.73
隧道窑	0.75~0.82	连续加热炉	0.70~0.85
热处理炉	0.65~0.70	储热式热风炉	0.90~0.95

例 1-3-5　某铜精炼反射炉以重油为燃料，其化学组成（%）为：$C^r 88.2$、$H^r 10.4$、$O^r 0.3$、$N^r 0.6$、$S^r 0.5$、$W^y 1.0$、$A^g 0.2$。已知助燃空气在燃烧前预热到 200℃，求实际助

燃空气量，燃烧产物的体积、组成和密度，实际燃烧温度。

解：

（1）燃料组成换算。燃烧计算须按燃料的实用成分来进行，因此，须将可燃成分换算成实用组成。按表1-3-4的换算系数，先将 A^g 换成 A^y，再换算其他成分。

$$A^y = A^g \times \frac{100 - W^y}{100} = 0.2 \times \frac{100 - 1}{100} = 0.198\%$$

$$C^y = C^r \times \frac{100 - (A^y + W^y)}{100} = 88.2 \times \frac{100 - (1 + 0.198)}{100} = 87.14\%$$

同理，可得：$H^y = 10.28\%$；$O^y = 0.296\%$；$N^y = 0.592\%$；$S^y = 0.494\%$。

则　$A^y + C^y + H^y + O^y + N^y + S^y + W = (0.198 + 87.14 + 10.28 + 0.296 + 0.592 + 0.494 + 1)\% = 100\%$

（2）计算助燃空气。理论空气需要量按式（1-3-19）计算

$$L_0 = \frac{22.4 \times 100}{21 \times 100} \times \left(\frac{C^y}{12} + \frac{H^y}{4} + \frac{S^y}{32} - \frac{O^y}{32} \right)$$

$$= 0.0889 C^y + 0.2667 H^y + 0.0333(S^y - O^y)$$

$$= 0.0889 \times 87.14 + 0.2667 \times 10.28 + 0.0333(0.494 - 0.296)$$

$$= 10.5, \quad \text{m}^3_{标准}/\text{kg}$$

设此条件下选用高压重油喷嘴，其空气消耗系数由表1-3-4查得，取 $n = 1.2$，则实际空气需要量为：

$$L_n = nL_0 = 1.2 \times 10.5 = 12.6 \text{m}^3_{标准}/\text{kg}$$

（3）燃烧产物量的计算：

$$V_{CO_2} = \frac{22.4}{100} \times \frac{C^y}{12} = 1.63 \text{m}^3_{标准}/\text{kg}$$

$$V_{H_2O} = \frac{22.4}{100} \times \left(\frac{H^y}{2} + \frac{W^y}{18} \right) = 1.16 \text{m}^3_{标准}/\text{kg}$$

$$V_{SO_2} = \frac{22.4}{100} \times \frac{S^y}{32} = 0.00346 \text{m}^3_{标准}/\text{kg}$$

$$V_{N_2} = \frac{22.4}{100} \times \frac{N^y}{28} + 0.79 L_n = 9.959 \text{m}^3_{标准}/\text{kg}$$

$$V_{O_2} = 0.21(n - 1)L_0 = 0.44 \text{m}^3_{标准}/\text{kg}$$

则　$$V_n = V_{CO_2} + V_{SO_2} + V_{N_2} + V_{O_2} + V_{H_2O}$$

$$= 1.63 + 1.16 + 0.00346 + 0.44 + 9.959 = 13.19 \text{m}^3_{标准}/\text{kg}$$

（4）燃烧产物组成的计算：

$$CO_2' = \frac{V_{CO_2}}{V_n} \times 100\% = 12.36\%$$

$$H_2O' = \frac{V_{H_2O}}{V_n} \times 100\% = 8.79\%$$

$$SO_2' = \frac{V_{SO_2}}{V_n} \times 100\% = 0.03\%$$

$$N_2' = \frac{V_{N_2}}{V_n} \times 100\% = 75.48\%$$

$$O_2' = \frac{V_{O_2}}{V_n} \times 100\% = 3.34\%$$

（5）燃烧产物密度的计算：

$$\rho_0 = \frac{44CO_2' + 18H_2O' + 64SO_2' + 28N_2' + 32O_2'}{22.4 \times 100}$$

$$= \frac{44 \times 12.36 + 18 \times 8.79 + 64 \times 0.03 + 28 \times 75.48 + 32 \times 3.34}{22.4 \times 100}$$

$$= 1.30 \text{kg/m}^3_{\text{标准}}$$

（6）重油发热量的计算

$$Q_{DW} = 339C^y + 1030H^y - 109 (O^y - S^y) - 25W^y$$
$$= 339 \times 87.14 + 1030 \times 10.28 - 109 \times (0.296 - 0.494) - 25 \times 1$$
$$= 4012544 \text{kJ/kg}$$

（7）燃烧温度的计算

由于重油温度不高（常温），Q_f 可忽略不计；助燃空气预热至200℃，其物理热 Q_a 按式（1-3-31）计算，由附录查得，200℃ 时，干空气的平均热容 $C_a = 1.306 \text{kJ/（m}^3 \cdot \text{℃}）$。则

$$Q_a = L_n c_a t_a = 12.6 \times 1.306 \times 200 = 3291.12 \text{kJ/kg}_{\text{重油}}$$

于是，燃烧产物的理论热含量为：

$$I = \frac{Q_{DW} + Q_f + Q_a}{V_n} = \frac{40125.44 + 0 + 3291.12}{13.19} = 3291.63 \text{kg/m}^3_{\text{标准}}$$

$$V_L' = \frac{L_n - L_o}{V_n} \times 100\% = 16\%$$

从 I-t 图查得 $t_{th} = 1940℃$。

由表 1-3-6 取炉温系数 $\eta = 0.75$，则实际燃烧温度为：

$$t_{c.p} = \eta \cdot t_{th} = 1455℃$$

3.4　燃料的燃烧与燃烧器

3.4.1　常用燃料

3.4.1.1　燃气

冶金生产常用的燃气有高炉煤气、焦炉煤气、发生炉煤气、重油裂化气和天然气等。钢铁联合企业广泛采用高炉煤气和焦炉煤气；有色冶金企业往往使用发生炉煤气或石油裂化气。燃气的质量主要取决于化学成分，含碳氢化合物越多，燃气质量越好。

与固、液体燃料比较，燃气有许多优点。例如易与空气混合，燃烧较完全；燃气也进行预热，有利于提高燃烧温度；燃气燃烧过程便于控制，火焰长短、燃烧温度、炉气性质

等便于调节；燃气便于输送，燃烧操作劳动强度小，劳动环境好。表 1-3-7 所示为常用燃气成分及性质。

表 1-3-7　常用燃气成分

项　目		种　类				
		高炉煤气	焦炉煤气	发生炉煤气	转炉煤气	天然气
成分 (体积 分数 /%)	CH_4^g		23~27	3~6		~100
	$C_mH_n^g$		2~4（C_2以上 不饱和烃）	≤0.5		
	CO^g	27~30	5~8	26~31	60~80	
	H_2^g	1.5~1.8	55~60	9~10		
	N_2^g	55~57	3~8	55		
	CO_2^g	8~12	1.5~3	1.5~3.0	15~20	
	O_2^g		0.3~0.8			
发热量 /kcal·m^{-3}		850~950	3900~4400	1400~1700	1800~2200	8500~90000
重度/kg·m^{-3}		1.295	0.45~0.55	1.08~1.25	1.34~1.35	0.7~0.8
燃点/℃		700	600~650	700	650~700	550
主要性质		无色无味、有 剧毒、易燃易爆	无色、有臭味、 有毒、易燃易爆	有色、有臭味、 有剧毒、易燃易爆	无色无味、 有剧毒、易燃 易爆	无色、有蒜臭 味、有窒息性、 麻醉性、极易燃 易爆

注：1kcal≈4.18kJ。

3.4.1.2　液体燃料

用于冶金的液体燃料主要有重油、重柴油和轻柴油。液体燃料中的重油具有发热量高、燃烧时火焰辐射能力大和燃烧过程便于控制调节等优点，在冶金生产中得到广泛应用。

炭素窑炉的重油使用量也较大。重油为褐色或黑色，是原油提取汽油、柴油后的剩余重质油。主要是以原油加工过程中的常压油、减压渣油、裂化渣油、裂化柴油和催化柴油等为原料调和而成。根据加工工艺流程，重油又可以分为常压重油、减压重油、催化重油和混合重油。常压重油指炼油厂的催化、裂化装置分馏出的重油（俗称油浆）；混合重油一般指减压重油和催化重油的混合。重油的特点是相对分子质量大、黏度高。重油的密度一般为 0.82~0.95g/cm^3，热值在 37~46MJ/kg 左右。其成分主要是碳水化合物，另外含有部分（0.1%~4.0%）的硫黄及微量的无机化合物。铝用炭素行业焙烧工序通常使用 100 号重油作为燃料油。常见重油（燃料油）质量指标见表 1-3-8。

表 1-3-8　重油（燃料油）质量指标

项　目	质量指标				试验方法
	20 号	60 号	100 号	200 号	
恩氏黏度（80℃，不高于100℃）/°E	5	11	15.5	5.5~9.5	GB266
闪点（开口）/℃	≥80	≥100	≥120	≥130	GB267
凝点/℃	≤15	≤20	≤25	≤36	GB510
灰分/%	≤0.3	≤0.3	≤0.3	≤0.3	GB508
水分/%	≤1	≤1.5	≤2	≤2	GB260
硫含量/%	≤1	≤1.5	≤2	≤3	GB387
机械杂质含量/%	≤1.5	≤2	≤2.5	≤2.5	GB511

注：1. 供冶金或机械工业加工热处理的各号重油，其硫含量须不大于 1.0%；

　　2. 由水路运输或用直接蒸汽预热卸油时，水分不大于 5%，但此时水分的超标部分应从产品总重中扣除；

　　3. 由含硫 0.5% 以上的原油制得的重油，硫含量不允许高。

3.4.1.3　固体燃料

冶金生产使用的固体燃料主要是煤及其加工产品，例如焦炭和粉煤。固体燃料（如煤）分布广、储量多，但燃烧操作劳动强度大，燃烧过程不易调控，在冶金行业很少直接应用。

A　煤

由于煤的价格便宜，且具有资源优势，一些地方的焙烧炉和倒焰窑普遍用燃料煤作焙烧热源。燃料煤作焙烧燃料，存在不能充分燃烧的现象，有少量被浪费掉了。根据炭化的程度不同，煤分为泥煤、褐煤、烟煤和无烟煤 4 种。

B　焦炭

焦炭是炼焦烟煤在炼焦炉内经高温（900~1100℃）干馏形成的。它是冶金生产的优质燃料，是高炉、鼓风炉等竖炉不可代替的专用燃料。

C　粉煤

工业用的粉煤，其制造原料一般是用烟煤或烟煤与其他煤配合。粉煤通常用作回转窑、反射炉的燃料，而且也可用作高炉、闪速炉的喷吹燃料。

3.4.2　燃料的燃烧与燃烧器

燃料的燃烧过程是急剧氧化的过程，并伴随着放热和发光。燃料燃烧的必要条件是供给足够的助燃空气和加热到着火温度。着火温度是指燃料与空气的混合物进行化学反应自动加速而达到自燃着火的最低温度。

燃料的燃烧过程是指燃烧与助燃空气混合、经加热着火、最后进行燃烧反应的过程。它是一个非常复杂的物理化学过程。

当燃烧过程受加热和燃烧反应速度的限制时，则为动力燃烧。当燃烧过程受混合速度限制时，则为扩散燃烧。燃烧后不剩可燃物，称为完全燃烧；燃烧后产物中仍含有可燃物，则称为不完全燃烧。不完全燃烧造成燃料的利用率下降，燃烧温度较低，影响生产，所以应尽量避免。

3.4.2.1 气体燃料的燃烧及燃烧器

A 气体燃料燃烧过程

燃气燃烧分为三个过程:

（1）燃气与空气混合物的混合，即二者是互相扩散掺混的过程。其影响因素有燃气与空气的流动方式、气流速度、气流相对速度（速度差）、气流直径、空气消耗系数等。

（2）燃气和空气混合物的加热与着火。着火过程是指燃料与空气混合均匀后，从开始加热到进行激烈氧化的过程。着火可分为自然着火和强迫着火。工业炉中燃气的燃烧一般都属于强迫着火的类型。为了使燃烧反应连续稳定地进行下去，必须使燃气燃烧以后所放出的热量足以使邻近的未燃气体加热到着火温度。

（3）完成燃烧反应。燃烧反应机理为支链反应，即燃烧反应是通过一些化学性活泼的中间物质——活性核心实现的。活性核心主要是由于高温分解产生的氢原子、氧原子和氢氧基，它们具有较大的活化能，反应速度极快。活性氢原子是支链反应的基础，它与氧原子碰撞产生活化氧原子和氢氧基，其支链反应如图 1-3-2 所示。

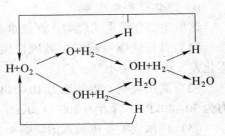

图 1-3-2 燃烧支链反应

综上所述，燃烧的燃烧过程分为混合、着火和燃烧三个阶段。在炉子正常生产中，三者几乎是同时进行的。在高温炉内，燃气和空气的混合好坏，是影响燃烧质量的关键。

B 气体燃料燃烧方法简介

气体燃料的燃烧方法根据燃气与空气在燃烧前的混合方式不同，分为有焰燃烧和无焰燃烧两种基本方法。

（1）有焰燃烧。是指燃气与空气在燃烧器（简称烧嘴）中不预先混合，或只有部分混合，从燃烧器喷出后，边混合边燃烧的过程。形成的火焰较长并有鲜明的轮廓，显然，燃烧速度受混合速度的限制，属扩散燃烧。有焰燃烧可用于要求火焰长、炉温均匀的火焰炉。

（2）无焰燃烧。是指燃气与空气在进入热设备前预先进行了充分混合，因此燃烧速度快，火焰很短，甚至看不到火焰。因为无焰燃烧的着火和燃烧是传热及化学反应，主要取决于动力学方面的因素，故为动力燃烧。无焰燃烧可用于中小型的火焰炉。

C 气体燃料燃烧器

与燃烧方法相对应，有焰燃烧所用的燃烧器称为有焰烧嘴。常用的有焰烧嘴有套管式烧嘴、低压涡流式烧嘴、扁缝涡流式烧嘴、环缝涡流式烧嘴等同。

目前工业上应用的无焰烧嘴多为喷射式烧嘴。它是以燃气作为喷射介质，按比例吸入助燃所需的空气，并在混合管道内充分混合，而后喷射燃烧。

3.4.2.2 液体燃料的燃烧及燃烧器

A 液体燃料的燃烧

炭素工业生产中使用的液体燃料主要是重油。重油的燃烧过程可分为雾化、油雾与空气混合、混合物加热着火及燃烧反应四个过程。

雾化是将油破碎成微小的颗粒（10~200μm），呈油雾状，再与空气混合燃烧。雾化的方法有雾化剂（空气或蒸汽）雾化和机械雾化。研究表明，油粒燃烧需要的时间与油雾颗粒直径的平方成正比。在燃油量一定的条件下，油雾颗粒越小，重油的比表面积越大，则越容易与空气混合，燃烧时速度快，燃烧较完全，燃烧温度高。所以重油雾化的好坏是组织重油燃烧的前提。

油雾与空气的混合和燃气与空气的混合过程相似，但混合难度更大。

重油加热过程，部分蒸发为油蒸气，其余为固体残渣，当加热到200~300℃时，重油沸腾，蒸发速度加快，到着火温度时，即着火燃烧。

重油燃烧反应与燃气相同，属于支链反应，只是反应更复杂。

B　液体燃料燃烧器

这里主要介绍重油烧嘴。燃烧重油的装置称为油烧嘴或油喷嘴。常用的油烧嘴有：

（1）低压烧嘴：通常用鼓风机供给的空气作雾化剂，风压为5~10kPa。因风压低、雾化差，适用于中小型火焰炉。

（2）高压烧嘴：重油压力10~50kPa，采用压缩空气或高压蒸汽作为雾化剂，前者压力为30~80kPa，后者为200~120kPa。

（3）机械烧嘴：机械式油烧嘴不用雾化机，雾化是利用重油高压200~350kPa的作用实现的，燃烧需要的空气由鼓风机供给。

3.4.2.3　固体燃料的燃烧及燃烧器

根据固体燃料在燃烧过程中的运动方式不同，固体燃料燃烧的方法有层状燃烧、喷流燃烧、旋转燃烧和流态化燃烧。炭素工业使用的固体燃料较少，这里只做简单介绍。

A　块煤的燃烧

块煤的层状燃烧是指在燃烧室的炉栅上有一定厚度的块煤层，与由下部鼓入的空气进行燃烧的过程（如图1-3-3所示）。高炉、鼓风炉和煤气发生炉内焦炭或块煤的燃烧，亦属于层状燃烧。各层内气体成分的变化如图1-3-4所示。

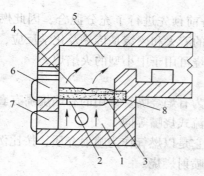

图 1-3-3　人工加煤燃烧室
1—灰坑；2—炉算；3—灰层；4—煤层；5—燃烧室空间；
6—加煤口；7—清灰口；8—冷却水箱

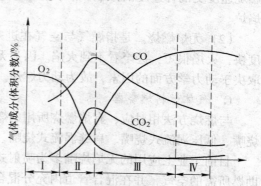

图 1-3-4　煤层厚度方向上气体成分的变化
Ⅰ—灰渣带；Ⅱ—氧化带；
Ⅲ—还原带；Ⅳ—干馏带

B　粉煤喷流燃烧

粉煤的喷流燃烧是将粒度为 0.20~0.70mm 的粉煤用空气喷到炉内，使其在运动的过程中进行燃烧。它与煤气的燃烧相似，具有明显轮廓的火焰。喷吹粉煤的空气称为一次空气，一般为粉煤燃烧需要空气总量的 15%~50%（含挥发物多的煤可多些），其余的为二次空气。二次空气允许预热的温度较高。粉煤的燃烧过程可分为混合、着火和燃烧。常用的粉煤燃烧器有涡流式双管粉煤燃烧器、扁口式粉煤燃烧器。

 思考题

1-3-1　燃料的两个基本特征是什么？

1-3-2　燃气的组成的表示方法有哪些？

1-3-3　燃料的化学成分为什么用不同的表示方法？

1-3-4　燃料燃烧的必要条件是什么？

1-3-5　重油燃烧时为什么要进行雾化？重油雾化有哪几种方法，其各有何特点？雾化方式如何？

1-3-6　什么是空气消耗系数？空气消耗系数的大小对炉子工作有什么影响？如何确定空气消耗系数的大小？

1-3-7　已知高炉煤气的干成分（%）为：$CO^g 27.20$，$H_2^g 3.20$，$CH_4^g 0.20$，$CO_2^g 14.70$，$O_2^g 0.20$，$N_2^g 54.50$，试求该煤气在 30℃时的湿成分。

1-3-8　已知干煤气成分（%）为：$CO^g 26.40$，$H_2^g 12.60$，$CH_4^g 1.56$，$CO_2^g 4.87$，$N_2^g 54.55$，求在 30℃时湿煤气的成分和低发热量。

1-3-9　已知重油的成分（%）为：$C^r 88.04$，$H^r 10.56$，$O^r 0.42$，$N^r 0.38$，$S^r 0.60$，$A^g 0.40$，$W^y 1.64$，求重油的应用成分、低发热量和高发热量。

1-3-10　某煤矿精煤的成分（%）为：$C^y 69.28$，$H^y 4.16$，$O^y 11.25$，$N^y 0.69$，$S^y 0.50$，$A^y 10.92$，$W^y 3.20$，试求该煤燃烧时的理论空气量、理论燃烧产物量，以及当 $n=1.4$ 时的空气需要量、燃烧产物量、燃烧产物体积及密度。

1-3-11　某厂使用的煤气成分（%）为：$CO^s 30.00$，$H_2^s 12.00$，$CH_4^s 1.00$，$CO_2^s 4.00$，$O_2^s 0.50$，$N_2^s 50.00$，$H_2O^s 2.50$，求该煤气燃烧时的 L_0、V_0，以及当 $n=1.1$ 时的 L_n、V_n、燃烧产物的成分和密度。

4　炉内气体流动

4.1　概述

炉内气体的流动和一般流体的流动相比较，具有两个显著的特征：

（1）炉内气体为热气体。所谓热气体是指炉内气体的温度高于周围大气的温度。

（2）炉内气体总是与大气相通的，而且炉内热气体的密度小于周围大气的密度，所以炉内气体的流动受大气的影响很大，不像液体在大气中流动那样可以忽略周围大气的影响。

4.2　热气体的压头

单位（体积）热气体所具有的位能与外界同一平面上的单位（体积）大气所具有的位能之差，称为位压头，同理也有动压头和静压头之称呼。但是在通常情况下，大气的流速比流体的流速小得多，所以热气体的动压头也就是热气体本身所具有的动能。

4.2.1　热气体的位压头——几何压头

如图 1-4-1 所示，热气体的密度为 ρ_g，大气密度为 ρ_a，且 $\rho_g < \rho_a$（因热气体温度比大气温度高）。取 0—0′ 为基准面，则单位体积热气体与周围单位体积大气压的位能差，即热气体的位压头：

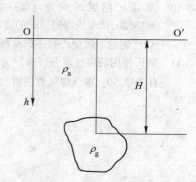

$$h_g = \rho_g H g - \rho_a H g = (\rho_g - \rho_a) g H \qquad (1\text{-}4\text{-}1a)$$

从图中可以看出，基准面在上方，高度向下量度时为正，所以上式中的 H 为负值，故

$$h_g = -H(\rho_g - \rho_a) g = H(\rho_a - \rho_g) g \qquad (1\text{-}4\text{-}1b)$$

位压头的大小与密度差 $(\rho_a - \rho_g)$ 及基准面之间的垂直距离 H 成正比。

图 1-4-1　位压头示意图

对热气体而言，基准面取在上方时，由于热气体自动上浮，则下方热气体的位压头大于上方热气体的位压头，这就是热气体沿高度方向上位压头的分布规律，从式（1-4-1b）可以看出，位压头沿高度方向上的分布是线性的。由于热气体有自动上升趋势，所以热气体由下向上流动时，位压头是流动的动力。反之，热气体由上而下流动时，要克服位压头后才能实现流动，从这个意义上说，热气体自上向下流动时，位压头应作为阻力来对待。

几何压头对窑内气体流动方向的影响：几何压头的产生，主要是由于窑外的冷空气比窑内热气体的密度大。这个密度差，使窑内热气体受到一个浮力，如果窑顶有孔，热气体就会被压出。因此，几何压头使气体流动的方向总是向上的。正如水往低处流一样，热气体、火焰等总是自然向上流动的，原因就是几何压头的影响。在倒焰窑中，火焰上行至窑顶后，要自上而下倒行进入烟道。在这个倒行的过程中，几何压头就成为流动的阻力，要用烟囱或排烟机来克服这个几何压头。窑炉系统中，几何压头的存在是不可避免的。几何压头的存在，使冷热气体分层，增大上下温差；这对制品的烧成是不利的。因此，要采取很多措施来减少这个几何压头的影响，例如，在隧道窑预热带使用搅拌气幕，窑头设置烟气循环等。

4.2.2　热气体的静压头及其分布规律

单位体积流体的静压能就是静压强，常称为静压力。按静压头的定义，热气体的静压头就是热气体的静压力与同一水平面大气静压力之差，即相对静压力，常称为表压力。

$$h_s = p_g - p_a \qquad\qquad (1\text{-}4\text{-}2)$$

通常，静压头可以用压力计直接测量。

容器内的热气体的表压力或静压头是上大下小，与液体的分布规律正好相反。取热气体压力与外界大气压力相等的面为零压面，在零压面以上，热气体的表压力为正，$p_g > p_a$，若容器与大气相通，比如有的炉子有缝隙，则热气体将外逸，反之，零压面以下为负压区，冷空气会被吸入。冶金炉的操作常常将零压面控制在炉底上，使炉腔呈正压区而烟道则为负压区。

静压头对气流方向的影响，就是使气体从压力大的地方流向压力小的地方。从窑内和窑外来说，如果窑内的压力大于窑外的压力，就会有热气体向外冒出。这种状况，在窑炉操作上称为正压。如果窑内压力小于窑外压力，就会有冷空气侵入窑内。这种状况，在窑炉操作上称为负压。如果窑内压力等于窑外压力，那么，既无热气体冒出，也无冷气体侵入。这种状况，在窑炉操作上称为零压。隧道窑内的压力分布，从油窑来说，预热带一般为负压，烧成带为微正压，预热带和烧成带之间为零压，冷却带前端的正压值大于烧成带的正压值。这样，从冷却带到预热带，压力由大到小，便于气体由冷却带向预热带流动，经排烟孔、烟道，由烟囱排出。这种压力分布，就是人们利用了静压头对气流方向的影响这一原理而设计、控制的。

4.2.3　热气体的动压头

如前所述，热气体的动压头就是单位体积的气体所具有的动能，即 $\dfrac{\rho_g}{2}\omega^2$（$\omega$ 为气体流动的速度，m/s）。动压头可以用毕托管等压力计进行测量。

上面讲的几何压头、静压头、动压头等都是可以互相转变的。在静止的流体中，只有几何压头与静压头，而且几何压头与静压头之和保持一个常数。当流体流动时，流体不仅有几何压头、静压头，而且有动压头。增加的动压头，是由静压头转变而来的。在流体流动的过程中，如果没有阻力损失压头，或者忽略不计，那么，几何压头、静压头、动压头的总和将保持为一个常数。

4.3　排烟系统及烟囱

燃料燃烧后所产生的高温燃烧产物，简称烟气。只有烟气连续不断地从炉尾顺利地排至大气中，炉子才能正常地工作。最常见的排烟设备就是烟囱。从炉尾到烟囱底部称为排烟系统，在排烟系统中，还常设置余热利用设备（换热器、蓄热室、余热锅炉等）以及烟道闸门等。喷射器也常作为辅助的排烟设备。

4.3.1　烟囱

烟囱能将烟气从炉尾经烟道烟囱排入大气，是因烟囱底部具有抽力，亦称吸力。烟囱产生抽力的原因是由热气体相对于大气的特殊规律造成的。

由于烟囱有一定的高度，烟囱中的热气体受到大气浮力的作用，而具有一定的几何压头 $H(\rho_a - \rho_g)g$，在烟囱底部造成负压，即"抽力"。这个抽力叫做理论抽力，它与烟囱高度 H、大气温度 t_a、烟气温度 t_g 等因素有关。

若烟气在烟囱内流动，则烟囱底部所产生的实际抽力要比理论抽力小。这是因为，烟囱底部直径大，上部直径小。设热气体在烟囱底部的流速为 ω_1，上部流速为 ω_2。因为 ω_2 大于 ω_1，所以产生了动压头总量 Δh_d；烟气从烟囱底部流至顶部要产生压头阻失 h_L（主要是摩擦损失）；这些都要消耗能量。因此，烟囱的实际抽力为：

$$h_v = H(\rho_a - \rho_g)g - \Delta h_d - h_L \tag{1-4-3}$$

上式表明，烟囱的抽力是由烟囱的几何压头形成的。但烟囱中气体所具有的几何压头并非全部转为有用的抽力，实际上一部分要用于克服烟囱本身气体流动的摩擦阻力和满足烟囱中气体动压头增量的需要。

4.3.2　烟道

烟道应尽量短，转弯及截面变化也应尽量减少阻力损失。烟道最好布置在地下，只有当地下水平线比较高，烟道防水困难时，才考虑布置在地面上。

4.4　供 气 系 统

大多数窑炉使用燃料为主要热能来源。燃料燃烧所需的空气必须向炉内不断输送，才能维持燃料燃烧，使炉子正常工作。最常用的供气设备是鼓风机，鼓风机与供风管道共同构成了供气系统。如前所述，燃料与空气混合在炉膛燃烧后，要经排烟系统及烟囱将烟气排入大气。炉内气体的流动如图 1-4-2 所示。

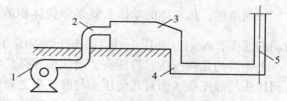

图 1-4-2　炉内气体流动系统
1—风机；2—风管；3—炉膛；4—烟道；5—烟囱

由图可见，气体由风管进入炉膛与燃料混合后燃烧成为烟气，流经炉膛从排烟系统排入大气是在静压差推动下流动的。从整个炉子系统来看，风管为正压，炉膛为零压，排烟系统为负压。炉膛进口处的正压与炉尾处的零压形成的静压差是推动炉膛内气体流动的根本原因，两者的静压差越大，气体在炉膛内的流速（平均）越快。鼓风机的作用是形成一定的静压力推动空气在风管内流动，该静压力要大于风管内各种阻力损失与炉膛进口处所要求的静压之和。而如前所述，烟气从炉尾流经烟道、烟囱排入大气所依靠的动力则是烟囱底部所产生的抽力。这种方式的气体流动称为强制通风。若炉膛内的气体流动及所需空气进入炉膛全靠烟囱的抽力来实现，则称为自然通风，此时炉膛内也为负压。不过，自然通风的炉子现在很少应用。

4.4.1　供气管道

4.4.1.1　管道布置

（1）供气管道（包括煤气管道）一般都架空敷设，管道底面距地平面的距离不应小于 2m。

（2）管道系统中装有换热器时，考虑到换热器损坏及检修时，炉子仍可继续工作，应设有带切断装置的旁道管路。金属换热器的热风总管上一般要求安装放风阀。煤气管道上应安装放散管及放散阀。煤气总管上除安装调节阀外，还应安装低压快速切断阀。

（3）炉前煤气、空气管道及阀门安装好以后，应按有关规程进行气密性实验，简称试压。

（4）管道布置时，应尽量减少拐弯及改变断面尺寸，以求减小阻力损失。

4.4.1.2　管道计算

有关管道计算的内容主要包括管径和管道阻力损失计算。

（1）管径。管道的流通断面按最大流量计算，流速按经验值选取经济流速。计算出截面面积即可求出管道内径。计算出直径后，还应按标准要求，根据相关手册所列的公称直径选取。

（2）管道阻力损失计算。管道系统阻力损失计算与动量传输的计算方法一致。它是选择风机的依据。

4.4.2　风机

风机是一种能压出一定量气体，并具有一定压力的机械设备。常见的风机很多，按照其产生压力的大小可分为：

通风机：压力在 0.1atm 以下；

鼓风机：压力在 0.1~3atm 范围内；

压缩机：压力超过 3atm；

高压压气机：压力超过 100atm；

产生负压，在真空下排气的称抽气机或真空泵。

热工炉窑常用的风机有离心式通风机、离心式鼓风机、回转式风机等，风机有关的工作原理及结构内容将在《炭素生产机械设备》课程中介绍。

思考题

1-4-1　热气体的压头主要是指哪几个?

1-4-2　热气体的位压头（几何压头）的分布规律是什么?

1-4-3　热气体的静压头对气体流动方向有什么影响?

1-4-4　什么是负压窑炉操作?

1-4-5　比较烟囱中的理论抽力和实际抽力。

5 炉内传热及热平衡

5.1 炉 内 传 热

热量传输中所讨论的问题是传热过程中的基本理论及基本规律。窑炉作为热设备，在热量传输过程中将遵守这些规律，但也有具体情况需要具体处理，再加之实际过程的复杂性，使各种窑炉在进行热量传输的研究、分析及计算时都具有明显的特征。本章主要介绍典型炉型及余热利用设备中的传热过程及有关计算。

5.1.1 炉膛

炉膛是由炉墙包围起来供燃料燃烧的立体空间。炉膛的作用是保证燃料尽可能完全燃烧，并使炉膛出口烟气温度冷却到对流受热面安全工作允许的温度。为此，炉膛应有足够的空间，并布置足够的受热面。此外，应有合理的形状和尺寸，以便于和燃烧器配合，组织炉内空气动力场，使火焰不贴壁、不冲墙、充满度高，壁面热负荷均匀。

在炉膛（如火焰炉）内的热交换过程中，热源为火焰或高温气流，受热体为被加热物体。例如回转窑内参与热交换的不仅有火焰（高温炉气），还有炉墙及炉顶的内表面。炉顶及炉墙内表面统称炉壁，所以炉内有三个温度区域，即炉气温度、炉料温度及炉壁温度。

5.1.2 散料层

散料层即固定料层内的热交换是气、固两相之间的热量传输现象。料层中的气流是通过料块间隙时与料块表面间进行热交换的。整个热量传输不仅包含有气流与料块间的对流与辐射，还存在着不同温度块间的辐射与传导。另外，料块内部亦因温度不同而存在着传导。前者称外部换热，后者称内部导热。在实际生产的炉子中，炉气与料块大都在逆流运动中进行热量传输，而且物理化学变化引起的水当量、料块尺寸、物相等也将发生复杂的热量传输变化。

5.1.3 余热利用设备

从窑炉中排除的烟气温度很高（800~1200℃或更高），此烟气中含有大量的热能需要回收加以利用。回收这些热量的设备称为余热利用设备，常用的有换热器、蓄热室及余热锅炉。

余热利用设备利用高温烟气预热空气及煤气的主要目的：

（1）节约燃料。通常，在相同的烟气温度下，空气预热温度越高，燃料节约数量越大。而且，燃料的发热量越低，节约效果也越显著。

（2）提高燃料温度。窑炉工作时温度很高，有的炉子要求达到 2000℃，预热空气及煤气可使炉温达到所需的燃烧温度。

5.1.3.1　换热器

A　换热器的定义及分类

这里所说的换热器是狭义上的换热器，即间壁式换热器。它是指热烟气（热流体）与被预热的空气、煤气（冷流体）在间壁的两侧流动，经过间壁进行热交换，热流体逐渐被冷却而冷流体逐渐被加热的一种连续工作的换热器。根据间壁的材料，分为金属及陶瓷两类换热器；按其结构特点分为列管式、套管式、针状管式、辐射式等。

B　换热器内流体的流动

尽管各种换热器内流体的流动方式多种多样，但归纳起来只有三种基本方式：

（1）顺流式：热流体与冷流体流向相同。如图 1-5-1（a）所示。

（2）逆流式：热流体与冷流体流向相反。如图 1-5-1（b）所示。

（3）叉流式：热流体与冷流体流向相交叉。如图 1-5-1（c）所示。

其他流动方式都是以上三种方式的组合。如图 1-5-1（d）、（e）、（f）所示。

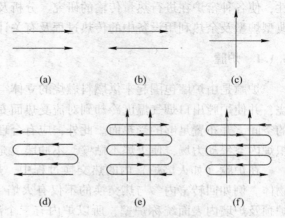

图 1-5-1　换热器内流体的流动方式
（a）顺流；（b）逆流；（c）叉流；
（d）折流；（e）顺叉流；（f）逆叉流

C　换热器的水当量

水当量，也称热容，即单位质量的物体温度升高 1℃ 的功率。流体流动过程中温度的变化与水当量成反比，水当量小的流体，温度变化较大，反之亦然。水当量大的流体，温度变化较小，所以它不易升温或降温。同时，顺流时冷流体的终温永远低于热流体的终温；逆流时冷流体的终温可以高于热流体的终温，甚至可以接近热流体的始温，因此逆流式换热器可将冷流体加热到比较高的温度。

5.1.3.2　蓄热室

A　工作原理

当高温烟气流经蓄热室格子砖表面时，将热能传递给格子砖，此时砖的温度逐渐升高。当换成空气流过该格子砖表面时，蓄积在砖内的热量则传给空气，从而达到预热空气的目的。

对于中间传热介质格子砖来说，一个周期是它的加热周期，另一个周期是它的冷却周期，如此循环往复地进行。蓄热室中气体流动的方向不是连续不变，而是周期性地改变，所以说蓄热室是周期性工作的换热设备。

B　蓄热室内传热过程

蓄热室是用格子砖砌成的格子室，也可以说是一个庞大的格子砖垛。蓄热室内的传热过程与换热器内截然不同，前者通道内的砖格子（通道壁）交替地被加热及冷却，气体及砖格子的温度都在连续地发生变化。因此，蓄热室内的传热属于不稳定导热过程。与换热器相比，蓄热室内温度分布及变化规律要复杂得多。其传热方式包括：

（1）烟气对格子砖的辐射和对流换热。

（2）格子砖内部的传导传热。

（3）格子砖向空气或煤气的对流及辐射换热。

5.2　热　平　衡

5.2.1　概述

热平衡是热力学第一定律在炉子热工上的应用。所谓热平衡不单纯是热量收支的平衡，而是指整个企业各种能量的综合收支平衡，能量消耗和有效利用、能量损失之间的平衡。因为在平衡时，常将各种能量折算成"等价热量"进行计算，所以习惯上称为热平衡，确切地说，应称为能量平衡。

企业热平衡应从设备热平衡做起，只要设备的能耗情况弄清楚了，企业的能耗情况才能搞清楚，也只有设备的能量利用率提高了，才谈得上企业能量利用率的提高。设备热平衡是企业热平衡的基础。

5.2.1.1　编制计算热平衡的目的

（1）通过现场测试，编制热平衡表，分析炉子的热工作，判断热量的利用是否合理，找出提高热效率的途径；

（2）在设计炉子时，通过计算编制热平衡表，由热平衡关系中找出燃料消耗量等未知量。把热收入及热支出各项与现有炉子进行比较，帮助设计者判断设计方案的优缺点。

5.2.1.2　编制炉子热平衡的注意事项

A　划定热平衡的区域

在计算热平衡时，必须首先划定热平衡区域，把进入该区域的热量作为热收入，反之作为热支出。热平衡区域的划分视需要而定，通常分为炉膛区域、预热区及整个炉区。有必要时，还可将炉子某一特定区域作为热平衡计算所划定的区域，例如可以把炉膛沿炉长方向划定几个区域，分别做区域热平衡计算。

划定区域的不同，热收入及热支出就有所不同。假设某炉由炉膛及空气换热器两部分组成，如图1-5-2所示。

若把炉膛作为一个区域，则热收入有燃料的燃烧热 Q_{DW} 及空气预热所带入的物理热 Q_a。热支出有加热炉料的有效热 Q_s、离开炉膛时烟气所带走的热 Q_{cp}、炉膛内各项热损失 Q_w。所以炉膛的热平衡

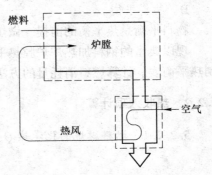

图 1-5-2　热平衡区域的划分

式为：

$$Q_{DW} + Q_a = Q_s + Q_{cp} + Q_w \tag{1-5-1}$$

若把空气换热器作为一个区域，且假设炉膛烟气全部进入换热器而无损失，空气不外漏也无空气被吸入，进入预热器空气温度为0℃。在此条件下，空气预热器的热收入只有一项Q_{cp}。热支出项有空气预热带走的物理热Q_a、换热器的热损失$Q_{c,w}$、烟气离开换热器所带走的热Q_p，因此热平衡式为：

$$Q_{cp} = Q_p + Q_a + Q_{c,w} \tag{1-5-2}$$

显然，全炉的热平衡式应为两者之和，即：

$$Q_{DW} = Q_p + Q_s + (Q_{c,w} + Q_w) \tag{1-5-3a}$$

令$Q_w' = (Q_{c,w} + Q_w)$，称为全炉热损失，则有：

$$Q_{DW} = Q_p + Q_s + Q_w' \tag{1-5-3b}$$

不难看出，炉膛热平衡与全炉热平衡的差别。对炉膛来说，Q_a是热收入；但对全炉来说，热收入不包括Q_a，因为供给炉子的是冷空气，Q_a是来自换热器从炉膛烟气回收的热量，而不是另外供给的热。

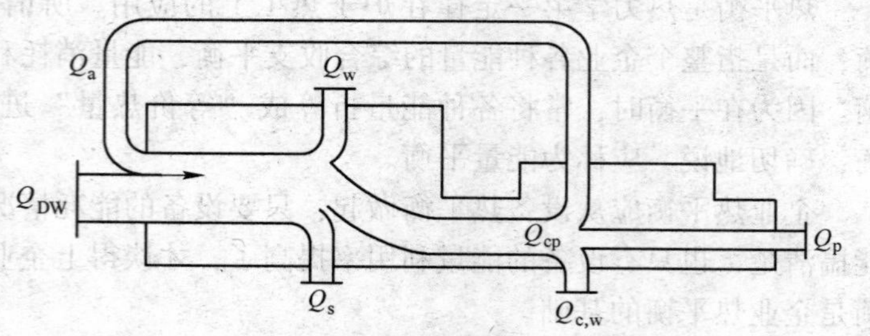

炉子热平衡的图解法如图1-5-3所示。左侧为炉膛，右侧为换热器。从图解中热平衡的全貌可一目了然。

图 1-5-3　热平衡图解法

B　热平衡中热量的表示方法

热平衡中热量的表示方法有几种不同情况。对于连续工作的炉子，通常以单位时间（如1h）为基准进行计算，其中热量单位为kJ/h。周期工作的炉子则以周期为计算单位。也可以用单位产品的质量为基准进行计算，无论基准如何选定，在同一个热平衡计算中，各项热收入及热支出的单位应一致。在工程单位制中，热量的单位是kcal/h，它与国际单位制的关系为1kcal/h=4.187kJ/h=1.163W。

C　计算的起始温度

计算起始温度采用0℃（273K）较为方便。

D　物料平衡

物料平衡是热平衡的前提。做热平衡前应首先做物料平衡。

现以典型的钢料加热炉炉膛热平衡为例，说明各项热收入、热支出的计算方法以及编制热平衡表、计算燃料消耗量的方法。

5.2.2　热收入项计算

5.2.2.1　燃料燃烧的化学热 Q_c

$$Q_c = BQ_{DW} \tag{1-5-4}$$

式中　B——燃料消耗量，kg（m³）/h。

5.2.2.2　燃料预热带入的物理热 Q_f

$$Q_f = Bc_f t_f = Bi_f \qquad (1\text{-}5\text{-}5a)$$

式中　c_f——燃料的平均热容，kJ/（m³ · ℃）；

　　　t_f——燃料的预热温度，℃；

　　　i_f——燃料的热含量，kJ/m³。

由于气体燃料各组分的热容不同，应采用下式计算燃料预热的物理热：

$$Q_f = B(p_1 c_1 + p_2 c_2 + \cdots) t_f \qquad (1\text{-}5\text{-}5b)$$

式中　p_1，p_2——分别为气体燃料各组分的体积分数；

　　　c_1，c_2——分别为各组分的平均热容。

5.2.2.3　空气预热带入的物理热 Q_a

$$Q_a = BnL_0 c_a t_a = BL_n i_a \qquad (1\text{-}5\text{-}6)$$

式中　n——空气消耗系数；

　　　L_0——理论空气消耗量，m³/kg（m³）；

　　　L_n——实际空气消耗量，m³/kg（m³）；

　　　t_a——空气预热温度，℃；

　　　c_a——空气在 t_a 温度下的热容，kJ/（m³ · ℃）；

　　　i_a——空气热含量，kJ/m³。

燃料预热带入的物理热和空气预热带入的物理热的具体计算方法见第一篇第 3 章第 3 节燃料与燃烧部分。

5.2.2.4　钢料在入炉时带入的物理热 Q_m

$$Q_m = Gc_m t_m \qquad (1\text{-}5\text{-}7)$$

式中　G——炉子生产率，kg/h；

　　　c_m——钢料的热容，kJ/（kg · ℃）；

　　　t_m——钢料入炉温度，℃。

5.2.2.5　金属氧化放出的热 Q_0

$$Q_0 = 5652Ga \qquad (1\text{-}5\text{-}8)$$

式中　a——金属烧损率，一般加热炉中 $a = 0.01 \sim 0.03$，若小于 0.01 则可忽略不计；

　　　5652——每 1kg 铁氧化时所放出的热量，kJ/kg。

5.2.2.6　雾化用蒸汽带入的物理热 Q_H

用油作燃料时，油本身的物理热不计入收入项，用空气作雾化剂时，空气的物理热也不计入热收入项，但用蒸汽作雾化剂时，则蒸汽所带入的物理热应计入，并按下式计算：

$$Q_H = Bn' c_H t_H = Bn' i_H \qquad (1\text{-}5\text{-}9)$$

式中　n'——每 1kg 燃油雾化用蒸汽量，kg/kg；

c_H ——蒸汽的热容，kJ/(kg·℃)；

t_H ——蒸汽的温度，℃；

i_H ——蒸汽热含量，kJ/kg。

5.2.3　热支出项计算

5.2.3.1　钢料加热所需的热——有效热 Q_s

$$Q_s = G c_m t_m \tag{1-5-10a}$$

式中　t_m ——钢料出炉时的平均温度。

若钢料为热装，则按下式计算：

$$Q_s = G(t_{m,2} c_{m,2} - t_{m,1} c_{m,1}) = G_{\Delta i} \tag{1-5-10b}$$

式中　$t_{m,1}$，$t_{m,2}$ ——分别为钢料入炉及出炉温度，℃；

$c_{m,1}$，$c_{m,2}$ ——分别为相应温度的平均热容，kJ/(kg·℃)。

5.2.3.2　烟气带走的热 Q_{cp}

$$Q_{cp} = B V_n c_{cp} t_{cp} \tag{1-5-11}$$

式中　t_{cp} ——出炉烟气温度，℃；

c_{cp} —— t_{cp} 烟气的平均热容，kJ/(m³·℃)。

5.2.3.3　燃料化学不完全燃烧的热损失 Q_{td}

$$Q_{td} = B V_n \left(Q_{CO} \frac{p_{CO}}{100} + Q_{H_2} \frac{p_{H_2}}{100} + \cdots \right) \tag{1-5-12a}$$

式中　Q_{CO}，Q_{H_2}… ——分别为 CO、H_2…等可燃成分的发热量；

p_{CO}，p_{H_2}… ——分别为 CO、H_2…等可燃成分在烟气中的体积分数。

一般情况下，可以认为烟气中每含 1% 的 CO，就会同时含有 0.5% 的 H_2。这种混合气体折算成 1m³ CO 时的发热量为 18046kJ，所以此项热损失也可简单用下式计算：

$$Q_{td} = \frac{18046 B V_n p_{CO}}{100} \tag{1-5-12b}$$

5.2.3.4　燃料机械不完全燃烧的热损失

对烧固体燃料的炉子，此项损失是指炉栅的漏失及清灰渣时夹带而损失的燃料。对烧油及煤气的炉子，则指泄漏损失。

$$Q_i = K Q_{DW} \tag{1-5-13}$$

式中　K——燃料机械不完全燃烧的热损失，%。可参考下列数据：

固体燃料：$K = 0.03 \sim 0.05$；

液体燃料：$K = 0.01$；

气体燃料：$K = 0.02 \sim 0.03$。

5.2.3.5 经过炉壁的散热损失 Q_w

$$Q_w = \frac{t_1 - t_2}{\dfrac{\delta_1}{\lambda_1} + \dfrac{\delta_2}{\lambda_2} + \cdots + \dfrac{\delta_n}{\lambda_n} + 0.014} A \qquad (1\text{-}5\text{-}14)$$

式中　　　　A——炉壁面积，m^2；

　　　　　　t_1——炉壁内表面温度，℃；

　　　　　　t_2——周围大气温度，℃；

$\delta_1，\delta_2，\cdots，\delta_n$——炉壁各层材料的厚度，m；

$\lambda_1，\lambda_2，\cdots，\lambda_n$——各层材料的导热系数，$kJ/(m \cdot h \cdot ℃)$。

式中 0.014 为假设炉壁对空气的总换算系数 $\alpha = 71kJ/(m \cdot h \cdot ℃)$ 时，炉壁外表面与空气间的热阻（1/71）。

由于炉顶、炉底、炉墙的砌筑厚度、层数及温度均不一样，所以应分别计算，然后相加。

5.2.3.6 炉门、开孔辐射热损失 Q_R：

$$Q_R = 5.67 \left(\frac{T}{100}\right)^4 \varphi A \psi \qquad (1\text{-}5\text{-}15)$$

式中　T——炉门或窥孔处炉气温度，K；

　　　φ——综合角度系数，大炉子一般取 0.7~0.8，中小炉子一般取 0.2~0.5；

　　　ψ——炉门或窥孔的开启时间，h。

5.2.3.7 炉门、开孔逸气热损失 Q_g

加热炉炉子底面一般为零压，故炉膛处于正压，当打开炉门或窥孔时，高温气体将溢出炉外，同时炉子缝隙之处也将有高温气体逸出，从而造成热损失，此项热损失用下式计算：

$$Q_g = V_0 t_g c_g \psi \qquad (1\text{-}5\text{-}16)$$

式中　t_g——炉气温度，℃；

　　　c_g——炉气在 t_g 下的平均热容，$kJ/(m^3 \cdot ℃)$；

　　　V_0——在标准下从炉内逸出的气体量，m^3/h。

5.2.3.8 炉子冷却部件带走的热损失 Q_{cd}

炉子冷却部件中冷却水带走的热量占热支出很大的比例，例如大型连续加热炉此项热损失可达 20%。一般用下式计算：

$$Q_{cd} = G_c(c_c t_c - c_c' t_c') = G_c(i_c - i_c') \qquad (1\text{-}5\text{-}17a)$$

式中　G_c——冷却水消耗量，kg/h；

　　　$t_c，t_c'$——冷却水出、入口温度，℃；

　　　$c_c，c_c'$——冷却水出、入口温度下的热容，一般取 $4.187kJ/(kg \cdot ℃)$；

i_c, i_c' ——冷却水出、入口温度下的热焓，kJ/kg。

当采用汽化冷却时，此项热损失用下式计算：

$$Q_{cd} = G_c'(i_{c,g} - i_c)$$ (1-5-17b)

式中　G_c' ——蒸汽产量及补给水量；

　　　$i_{c,g}$ ——蒸汽热含量，kJ/kg；

　　　i_c ——补给水热含量，kJ/kg。

5.2.3.9　氧化铁皮带走的热损失 Q_{Fe}

$$Q_{Fe} = \frac{G\delta c_{Fe}(t_{Fe} - t_0)m}{100}$$ (1-5-18)

式中　δ ——金属烧损率，%；

　　　c_{Fe} ——氧化铁皮的平均热容，取 1.05；

　　　t_{Fe} ——氧化铁皮温度，℃；

　　　t_0 ——钢料入炉温度，℃；

　　　m ——氧化 1kg 铁生成的 Fe_3O_4 的数量，取 1.38。

5.2.3.10　其他热损失

该项损失包括炉体蓄热、加热各种支架、链条、炉辊等所需的热量。这些热量有时可以计算，有时很难计算，它所占的比例一般不大，所以除非特殊情况，一般不进行计算。有时将氧化铁皮带走的热量也计入此项热损失中。

5.2.4　热平衡表的编制及燃料消耗量的确定

根据能量守恒定律，热收入项总和应等于热支出项总和，列出热平衡方程式

$$\sum Q_{in} = \sum Q_{out}$$ (1-5-19)

根据前述各项热收入及热支出项计算可知，在设计炉子时，燃料消耗量 B 为待定量，其他参数或者在设计时已给出，如 G、t_a、t_f 等，或者可以算出，如 Q_{DW}、L_0、L_n、V_n、ρ、t_g 等，有些则可从各种资料中查出，如 c_a、c_g、c_f、i 等，因而从热平衡方程式中可求解 B。为了便于比较炉子的工作状况好坏，将 B 值代入有关计算项中，求出热收入、热支出项的综合及各项所占比例后，编制热平衡表，如表 1-5-1 所示。该表为连续式加热炉的热平衡表，各项比例仅供参考。

表 1-5-1　连续式加热炉热平衡表

热收入		比例/%	热支出		比例/%
项　目			项　目		
1. 燃料燃烧的化学热	Q_c	70~100	1. 金属加热所需的热	Q_s	20~50
2. 燃料预热的物理热	Q_f	0~25	2. 烟气带走的热	Q_{cp}	30~80
3. 空气预热的物理热	Q_a	0~15	3. 燃料化学不完全燃烧热损失	Q_{td}	0.5~3

续表 1-5-1

热收入			热支出			
项 目		比例/%	项 目			比例/%
4. 金属氧化放出的热	Q_0	1~5	4. 燃料机械不完全燃烧热损失		Q_i	0.2~5
			5. 炉壁散热热损失		Q_w	2~10
			6. 炉门、开孔辐射热损失		Q_R	0~4
			7. 炉门、开孔溢气热损失		Q_g	0~5
			8. 冷却水带走的热损失		Q_{cd}	0~15
			9. 其他热损失		Q_e	0~10
			10. 平衡表误差		ΔQ	不大于±4
热收入项总和	ΣQ_{in}	100	热支出项总和		ΣQ_{out}	100

思考题

1-5-1 常见的余热利用设备有哪些?

1-5-2 余热利用设备利用高温烟气预热空气及煤气的主要目的是什么?

1-5-3 冷热流体换热过程中哪种换热方式的热量利用率较高?

1-5-4 简述蓄热室的传热原理。

1-5-5 如何编制热平衡表?

第二篇

炭 素 窑 炉

炭素窑炉种类繁多。一般炭素制品的生产所需窑炉根据热处理工艺的不同，主要分为煅烧炉、焙烧炉、石墨化炉。碳-陶制品生产得到的半成品则需烧结炉进行热处理。不同窑炉可按其供热或传热方式进行分类。常见的炭素煅烧炉有回转式煅烧炉、电热煅烧炉、罐式煅烧炉等。炭素焙烧炉有倒焰窑、多室焙烧炉、隧道窑等，其中多室焙烧炉，又称环式焙烧炉，是目前炭素工业中焙烧作业最常用的热处理炉。石墨化炉种类更多，最常用的工业炉型为艾奇逊石墨化炉。近年来又出现了通气石墨化炉、内串石墨化炉等制备高纯石墨的新炉型。

1　炭素原材料煅烧炉

炭素制品（包括电极、电刷等）生产所用原料主要是各种焦炭。由于焦炭的生产方法不同，它们的理化性能及其结构有显著差异。为了除去水分、挥发分，使体积收缩，真密度增大，并使原料的理化性能较稳定，防止半成品在后来的高温热处理过程中变形与开裂，炭素制品生产用的块状原材料（主要是焦炭）在磨粉前都须煅烧。煅烧后焦炭的质量指标见表2-1-1。

表 2-1-1　煅烧后焦炭的质量指标（YS/T 625—2007）

牌号	理 化 指 标				
	灰分（质量分数）（≤）/%	挥发分（质量分数）（≤）/%	硫含量（质量分数）（≤）/%	真密度（≥）/g·cm⁻³	粉末比电阻（≤）/μΩ·m
DHJ-1	0.30	0.50	1.80	2.04	530
DHJ-2	0.70	1.00	2.50	2.01	610

炭素原材料在高温 $1200 \sim 1350 \, ^\circ\!C$ 隔绝空气的条件下进行热处理的过程，称为煅烧，完成这一热处理的工艺设备，称为煅烧设备（或称炉）。煅烧过程的物理化学变化在工艺学中详细论述，本书仅介绍各种类型的煅烧设备。

根据炉型结构，煅烧炉基本上分为：

(1) 罐式煅烧炉。

(2) 回转式煅烧炉。

(3) 电热煅烧炉。

罐式煅烧炉根据加热方式与使用燃料的不同，又可分成顺流式（燃气总的运行方向和材料的运动方向一致）和逆流式（燃气与材料两者运动方向相反）。

　　回转式煅烧炉是目前炭素原材料煅烧的最新最常用的炉型。根据燃料不同而有烧煤气与重油（或柴油等）之别。目前世界上约有85%的煅后焦是回转炉生产的，它是应用最广泛的煅烧设备。它既能生产阳极糊用焦，也能生产高功率及超高功率电极用焦。

　　电热煅烧炉一般只有在特殊情况下才使用。例如生产量较小的电炭厂，或在现代铝工业中要求煅烧达到约2000℃的高温，使无烟煤达到半石墨化状态的高质量无烟煤时便采用电热煅烧炉。这种石墨化状态的无烟煤制备的炭块，在高温下仍能维持较高的机械强度，这是一般焦炭所不具有的优异特性。而且在2800℃高温下能驱除无烟煤中的硫和酸性氧化物，减少了在电解气氛中碳与杂质的反应，从而大大延长了铝电解槽或高炉的使用寿命。因为其他类型的炉子不可能达到这种高温，所以电热煅烧炉对煅烧无烟煤制作阴极炭块或高炉炭块来说，有其特殊的价值和不可取代的地位。但是电热煅烧炉的缺点是产能小，耗费电能，生产成本较高，用途比较窄。

1.1　回转式煅烧炉

1.1.1　概述

　　回转式煅烧炉，又称回转窑，是对散装物料或浆状物料进行干燥、焙烧和煅烧的热工设备。在炭素制品生产中，回转窑主要作为原材料的煅烧设备，不少大中型工厂采用。其优点是机械化程度高，建设速度快，能保证煅烧质量和热利用效率。但其钢材用得多，产量大，对小厂不适用，特别是烧损率较高（包括水分达10%~15%），使它的选用受到限制。

　　回转窑主要部分是由钢板铆接或焊接的圆筒，内衬为高温耐火材料，炉体支持于几对托轮上（图2-1-1）。炉子具有一定的倾斜度，并以一定的速度连续不断地旋转，物料在其内部移动。通常，回转窑按逆流原理工作，原料由较高的一端加入，与热气相反，向燃烧端运动。燃烧器位于炉子头部，可采用重油、粉煤或发生炉煤气加热。燃烧后的气体自炉尾经各种收尘设备，再由抽风机送入电收尘室，然后排入烟囱，回转窑的简图见图2-1-2。

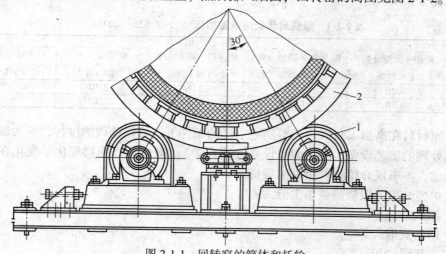

图2-1-1　回转窑的筒体和托轮

1—托轮；2—筒体

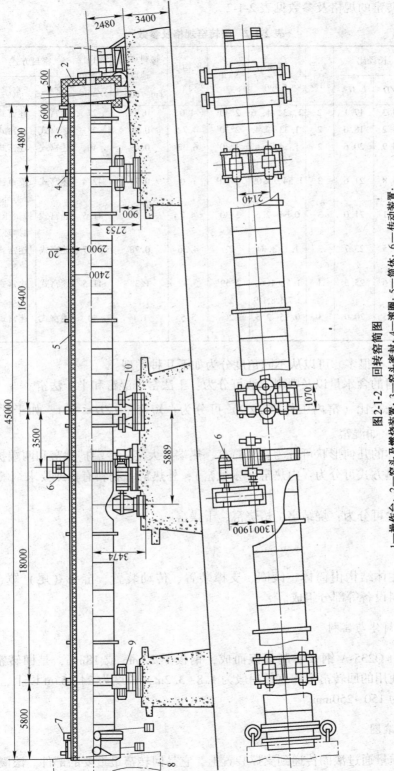

图 2-1-2 回转窑筒图

1—操作台；2—窑头及燃烧装置；3—窑头密封；4—滚圈；5—筒体；6—传动装置；
7—窑尾装置；8—窑尾沉降室；9—托轮；10—挡轮

常见的回转窑的规格及参数见表 2-1-2。

表 2-1-2 回转窑规格及参数

窑号	规格 D×L /m×m	长径比		支承挡板	转速 /r·min⁻¹	倾角	平均填充率/%	物料运动速度 /m·min⁻¹	物料停留时间 /min	密封方式		冷却筒规格 D×L /m×m
		L/D	L/D内							窑头	窑尾	
1	φ1.8×24	13.3	17.1	2	2, 3, 4, 6	2°30′	4.0	0.89	27	迷宫式	迷宫式	φ1.2×18
2	φ1.9×27	14.2	18.0	2	1.33~2.4	2°30′	4.72	0.96	28	迷宫式	迷宫式	φ1.2×20
3	φ1.732/ φ1.916×28	15.9	20.6	2	1.54~4.6	2°30′	6.32	0.69	40	迷宫式	迷宫式	φ1.2×18
4	φ1.696/ φ1.896×30	16.8	21.6	3	1.54, 3.09	2°30′	6.0	0.71	42.4	迷宫式	篮重锤摩擦环式	φ1.2×18
5	φ2.016/ φ2.316×36	17.1	21.0	3	0.64~2.5	2°30′	4.2	0.87	41.5	迷宫式	弹簧压紧摩擦环式	φ1.2×18
6	φ2.2/ φ2.5×45	19.5	23.7	3	1.1×3.34	2°	4.36	0.78	57.7	迷宫式	迷宫式	φ1.2×24
7	φ3.05/ φ2.44×57	21.6	25.5	3	1.5, 1.6, 1.7,1.8,1.9	2°59′	3.42	1.38	41.5	迷宫式	迷宫式	φ2.242×21
8	φ3.0/ φ3.4×55	17.5	20.0	3	0.75~2.5	2°	5.5	1.1	50	迷宫式	迷宫式	φ2.4×34

回转窑的分类很多。可以从不同角度分为如下几种类型：

（1）按物料的含水量以及喂料方法可分为：干法窑、湿窑和半干法窑。

（2）按窑长径比（窑内工作带 $L/\overline{D}$）可分为：短窑（$L/\overline{D} \leqslant 16$），如干法窑；长窑（$L/\overline{D} = 30 \sim 40$），如湿窑。

（3）按筒体的几何形状可分为：直筒窑、热端扩大窑、冷端扩大窑和两端扩大窑。

（4）按加热方式可分为：内热窑（多数窑）；外热窑（物料有毒或要求烟气浓度高的操作时采用）。

（5）按用途可分为：烧结窑、焙烧窑、干燥窑。

1.1.2 结构

回转窑的主体结构由筒体、滚圈、支撑装置、传动装置、窑头（尾）罩、燃烧器、热交换器及喂料设备等部分组成。

1.1.2.1 筒体与窑衬

筒体一般由 Q235-A 钢板卷制焊接而成，钢板厚 22mm 或 18mm，是回转窑的基体。炭素制品工业使用的回转窑窑体直径一般为 1.8~3.2m，长度为 24~65m 以上，内衬为耐火材料，厚度为 150~250mm。

1.1.2.2 滚圈

回转窑的质量通过滚圈传递到支撑装置上，它是回转窑最重要的部件。滚圈是硬钢铸件加工的环，该环自如地套在圆筒外壳上，并安装稳固，为了使其结合处更加牢固，在圆筒的外壳上有铸搭板，而钢座板就卡在这些搭板上。滚圈的安装示意图见图2-1-3。

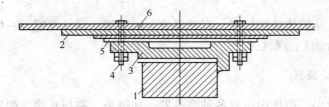

图 2-1-3 回转窑的滚圈安装示意图

1—滚圈；2，5—垫板；3—座板；4—螺栓；6—窑体

1.1.2.3 支承装置

该装置承受回转部分的全部质量。它是由一对托轮轴承担和一个大底座组成。每个滚圈安放在两个托辊上，为预防磨损起见，托轮要用比滚圈材料稍软些的硬钢制成。回转窑是倾斜安装的，因自重及摩擦产生轴向力，滚圈和托轮轴线不平行也产生附加轴向力，形大体重的筒体轴向位置难以固定，应允许沿轴向往复窜动，同时这种往复窜动可使托轮和滚圈的工作表面磨损均匀，窜动周期一般为每班1~2次。挡轮起指示筒体的轴向窜动（普通挡轮）或控制轴向窜动（减压挡轮）的作用。挡轮的位置如图2-1-4所示。

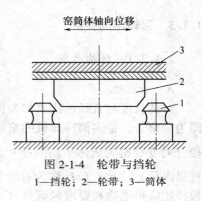

图 2-1-4 轮带与挡轮

1—挡轮；2—轮带；3—筒体

1.1.2.4 传动装置

回转窑的回转是通过传动装置实现的。窑体借助大齿轮带动而旋转，齿轮由传动装置带动。采用单传动，由于窑转速需要改变，常用直流电机变速。直接安装在圆筒外壳上的大齿轮（又称为冕状齿轮），它的直径较大，六齿轮可拆卸开，大齿轮用弹簧（或键）固定于圆筒外壳上。这样，当筒体受热时可以不受齿轮影响而自由地膨胀。大齿轮应以整个齿面和传动齿轮相啮合，同时两者之间的啮合又必须平稳而协调。

1.1.2.5 窑头罩和窑尾罩

窑头罩是热端与下道工序（冷却机）中间体；窑尾罩是冷端与物料预处理设备及烟气处理设备的中间体。窑头、窑尾均采用迷宫式密封，迷宫式密封结构简单（见图2-1-5），没有接触面，所以不受筒体窜动的影响，也不存在磨损问题。窑头罩内浇灌耐火浇注料，窑头罩的外端面设有两扇悬挂移动式窑门，以便进入窑内检修及窑内衬砌筑等工作。窑门上还设有伸进燃烧器用的孔以及看火孔。窑尾与烟囱的烟道相通，烟道下设有多个存灰室，在烟道与排烟机之间，为了充分利用烟气的大量余热，因此安装有余热锅炉。

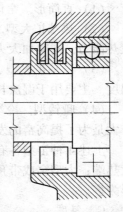

图 2-1-5 迷宫式密封

1.1.2.6　燃烧器

燃烧器一般是从筒体热端插入，有喷煤管、油喷嘴、煤气喷嘴等。回转窑采用燃料有重油（或柴油混合油）、煤气。

1.1.2.7　热交换器

为增强换热效果，筒体内设有各种换热器，如链条，格板式热交换器等。

1.1.2.8　喂料设备

它是回转窑的附属设备。未煅烧的焦炭由窑尾料斗经过窑尾的加料机到窑内。焦炭的加料机，目前采用电磁振动加料机。

1.1.3　回转窑的参数

1.1.3.1　结构参数

A　长径比

窑的长度与直径的比值称为长径比。有两种表示方法：一是筒体的有效长度 L（一般即为全窑长，带多筒冷却机的窑则在窑长中扣除窑体上出料口至窑口的长度）与筒体内径（对变径窑为筒体平均内径）之比 $L/\bar{D}$；二是 L 与窑体砌砖后的平均有效直径（亦称衬里内径）之比。$L/\bar{D}$ 称为有效长径比，它更能确切地反映出窑的热工特点。回转窑的长径比应根据物料要求的煅烧（或焙烧、干燥）温度、加热制度、窑尾是否设置预热装置等因素来选取。长径比太大，窑尾温度低，干燥效果不好；长径比太小，窑尾温度高，窑的热效率低。

回转窑的长径比可根据具体情况选择：当原料煅烧温度高时，取较大的 $L/\bar{D}$；当加热时间长时，取较大的 $L/\bar{D}$；当有预热装置时，取较小的 $L/\bar{D}$。

B　窑体形式

回转窑按其筒体形状可分为 4 种：

（1）直筒形。窑体直径相同，结构简单，便于制作和维修。

（2）热端扩大型。扩大燃烧区域（煅烧带）的直径，加大煅烧带的容积，提高窑的发热能力，同时加大火焰气体辐射层的厚度，改善了窑内高温区域的传热。

（3）冷端扩大型。扩大干燥带和预热带，提高窑的预热能力，降低窑尾风速和废气温度。主要用于湿法长窑。

（4）哑铃型。冷端扩大是为了放置热交换装置而不致过多地提高气体的流速，热端扩大是为了提高窑的发热能力，中间收缩可节省钢材。

上述 4 种窑型各有优缺点，一般来说，中型窑（直径 3~4m）呈直筒形；小型窑宜扩大热端；大型窑或带预热器的窑宜扩大冷端，对特大型窑宜采用两端扩大。我国仍以直筒形为多。

C　斜度

斜度一般指窑轴线的升高与窑长的比值，习惯上取窑轴线倾斜角 β 的正弦 $\sin\beta$，用符号 i 表示。炭素工业回转窑的斜度一般采用 2.5% ~ 5%，水泥工业回转窑为 3.5% ~ 4%，耐火材料工业回转窑为 3% ~ 5%。斜度不能过大，否则会影响窑体在托轮上的稳定性。

1.1.3.2 运行参数

A 窑内物料的填充系数

填充系数是窑内物料层截面与整个截面面积之比，或窑内装填物料占有体积与整个容积之比，用符号 φ 表示。

$$\varphi = \frac{A_M}{\frac{\pi}{4}\overline{D}^2} \tag{2-1-1a}$$

$$\varphi = \frac{4G_M}{60\pi \overline{D}^2 v_M \rho_M} \tag{2-1-1b}$$

式中　A_M——窑内物料所占弓形面积，m^2；

　　　G_M——单位时间内窑内物料流通量，t/h；

　　　v_M——窑内物料轴向移动速度，m/min；

　　　ρ_M——窑内物料体积密度，t/m^3。

填充系数过高会削弱热传递。各类窑的填充系数与斜度的对应关系列于表 2-1-3。

表 2-1-3　填充系数与斜度的关系

斜度 i/%	5.0	4.5	4.0	3.5	3.0	2.5
填充系数 φ/%	8.0	9.0	10.0	11.0	12.0	13.0

B 转速

回转窑的转速（窑体每分钟转圈的周数）与窑内物料活性表面、物料停留时间、物料轴向移动速度、物料混合程度、窑内换热器结构以及窑内的填充系数等都有密切关系。

$$n = \frac{G\sin\alpha}{1.48\overline{D}^3 \varphi i \rho_M} \tag{2-1-2}$$

式中　n——回转窑的转速，r/min；

　　　G——窑的生产能力，t/h；

　　　α——窑内物料自然堆积角度，(°)。

C 窑内物料轴向移动速度和停留时间

物料在窑内移动的基本规律：随窑的回转物料被带起一定高度，然后滑落下来；由于窑是倾斜的，滑落的物料同时就沿着轴向向前移动，形成了轴向移动速度。该速度与很多因素有关，特别是与物料的状态有关，物料在各带的移动速度不同则停留时间也不同。物料在窑内各带以及全窑内平均轴向移动速度主要依靠实测。

1.1.3.3 生产能力

回转窑的生产能力受诸多因素影响，没有一个通用公式，下面介绍几个主要的计算公式。

A　按窑内物料流通能力

$$G = 47.12\, \overline{D}^2 \varphi v_M \rho_M \tag{2-1-3}$$

异形窑的平均有效直径：

$$\overline{D} = \frac{D_1 L_1 + D_2 L_2 + D_3 L_3 + \cdots}{L} \tag{2-1-4}$$

式中　v_M——物料轴向移动速度，t/h；

　　　　$\overline{D}$——窑的平均有效直径，m；

　　　　G——窑的生产能力，t/h；

　　　　L_n——窑内各带段的长度（$n=1, 2, 3\cdots$），m；

　　　　D——对应于 L_n 的窑体直径，m。

B　按统计公式计算

（1）回转窑生产能力与筒体尺寸之间的关系式：

$$G = K \overline{D}^{1.5} L \tag{2-1-5}$$

式中　K——经验系数，因窑不同而异，取工厂实践数据。

（2）按窑的单位面积产能计算：

$$G = \frac{G_A A}{1000} \tag{2-1-6}$$

式中　A——窑砌砖后有效内表面积，m^2；

　　　　G_A——窑单位面积产能，$kg/(m^2 \cdot h)$，取工厂实践数据。

（3）按窑的单位容积产能计算：

$$G = \frac{G_A V}{1000} \tag{2-1-7}$$

式中　V——窑砌砖后有效容积，m^3；

　　　　G_V——窑单位容积产能，$kg/(m^3 \cdot h)$，取工厂实践数据。

1.1.4　回转窑的工作原理

物料回转窑内煅烧的过程是生料从窑的冷端喂入，由于窑有一定的倾斜度，且不断回转，因此使生料连续向热端移动。燃料自热端喷入，在空气助燃下燃烧放热并产生高温烟气，热气在风机的驱动下，自热端向次端流动，而物料和烟气在逆向运动的过程中进行热量交换，使生料烧成熟料。因此，研究回转窑的工作原理，主要是研究：

（1）物料在窑内的运动。

（2）窑内气体的流动。

（3）燃料燃烧。

（4）物料与气体间传热的现象和规律。

1.1.4.1　回转窑内物料的运动

A　物料在窑内的运动过程

物料在窑内的运动情况直接影响到物料层温度的均匀性。为了使回转窑达到高产，必须了解窑内物料的运动情况。

　　窑内的物料仅占窑容积的一部分（填充率），物料颗粒在窑内的运动过程是比较复杂的。假设物料颗粒在窑壁上及料层内部没有滑动现象，当窑回转时，物料颗粒靠着摩擦力被窑带起，带到一定高度，即物料层表面与水平面形成的角度等于物料的自然休止角时，则物料颗粒在重力的作用下，沿着料层表面滑落下来。因为窑体以一定的倾斜度安装，所以物料颗粒不会落到原来的位置，而是向窑的低端移动了一个距离，落在一个新的点，在该新的点又重新被带到一定高度再落到靠低端的另一点，如此不断前进。因此，可以形象地设想各个颗粒运动所经过的路程，像一根圆形的弹簧（见图2-1-6）。

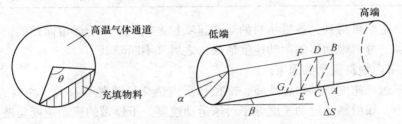

图 2-1-6　回转窑内物料充填与运动简图

θ—填充角；β—窑倾斜角；α—物料休止角

　　实际上物料在回转窑内运动时，物料颗粒的运动是有周期性变化的。物料颗粒或埋在料层里与窑一起向上运动，或到料层表面上降落下来，但是只有在物料颗粒降落的过程中，才能沿着窑长方向移动。

　　B　物料在窑内的运动速度

　　a　一般速度公式

　　回转窑内物料运动的情况比较复杂，影响因素很多，因此要想用简单的公式来准确计算物料在窑内各带的运动速度是比较复杂和困难的。在对回转窑内物料运动的规律进行分析和模拟试验后，得出很多计算回转窑内物料运动速度的公式，其中最为常用的一般公式为：

$$v_{\mathrm{m}} = \frac{L}{60\tau_{\mathrm{m}}} = \frac{\beta D_{\mathrm{i}} n}{60 \times 1.77\sqrt{\alpha}}(\mathrm{m/s}) = \frac{\beta D_{\mathrm{i}} n}{1.77\sqrt{\alpha}}(\mathrm{m/min}) \qquad (2\text{-}1\text{-}8)$$

式中　　v_{m}——物料在窑内运动的速度，$\mathrm{m/s}$；

　　　　L——窑的长度，m；

　　　　τ_{m}——物料在窑内停留的时间，min，$\tau_{\mathrm{m}} = \dfrac{1.77\sqrt{\alpha}L}{\beta D_{\mathrm{i}} n}$；

　　　　n——窑的转速，$\mathrm{r/min}$；

　　　　α——物料休止角，$(°)$；

　　　　β——窑的倾斜角，$\tan\beta \approx \sin\beta$；

　　　　D_{i}——窑的衬砖内径，m。

　　从公式也可看出，物料的运动速度v_{m}受到窑的倾斜角β、窑的衬砖内径D_{i}、转速n、与物料休止角α的影响。此外，如窑内有结圈或人工砌筑的挡料圈时，物料的运动速度要降低。窑内的热交换装置（如链条、热交换器）也会影响物料的运动速度。

b　物料在窑内各带的运动速度

煅烧过程中，窑内各带发生的物理化学变化对物料颗粒的形状、粒度、松散度及密度均有影响，因此各带物料的运动速度是不同的。为了了解窑内各带物料的运动速度，可将放射性同位素掺入生料中进行测定，如某厂曾在 150m 的湿法长窑上，通过实际测定和计算而得到物料运动的平均速度，如表 2-1-4 所示。

表 2-1-4　窑内各带内物料运动的平均速度

窑内各带	冷却带	烧成带	放热反应带	分解带	预热带	干燥带	链条带	喂料中空部分
速度 $v/m \cdot h^{-1}$	18.4	28.4	41.0	46.0	34.5	27.0	28.8	29.3

由上述测定结果得到，各带物料的运动速度相差很大。从干燥带向热端，物料的运动速度不断增加，分解带物料的运动速度最快，之后又不断降低。

c　影响窑内物料运动的因素

窑内物料运动速度与其物理性质、窑径和窑内热交换装置等有关。物料的粒度愈小，运动速度愈小，如粉料的运动速度低于料球运动速度。干燥带的运动速度与链条的悬挂方式、悬挂密度有关。预热带的物料运动速度与窑内热交换装置有关。分解带，由于碳酸盐分解放出的二氧化碳气体使物料呈流态化，因此物料运动速度最快，在分解带，碳酸盐分解需要吸收大量的热，但是物料流速又快，所以窑的分解带比较长。窑内料层厚度不同，物料被带起的高度也不同，料层厚，带起高，在窑回转一周时，物料被带起的次数少，即翻动的次数少，受热的均匀性就差；但料层过薄，窑的产量降低，因此必须选择合适的料层厚度，通常窑内物料的填充系数为 6% ~ 15%。当窑内物料流量稳定时，移动速度快的地带，其填充系数小。

因此在生产中，为了稳定窑的热工制度，必须稳定窑速，若因煅烧不良而降低窑速时，需相应地减少喂料量，以保持窑内物料的填充系数不变。一般回转窑的传动电机和喂料机的电机是同步的，以便于控制。

1.1.4.2　回转窑内气体的流动

A　回转窑内气体的流动过程

为了使回转窑内燃料燃烧完全，必须不断地从窑头送入大量的助燃空气，而燃料燃烧后产生的烟气和生料分解出来的气体，在向窑的冷端流动的过程中，将热量传给与之相对运动的物料以后，从窑尾排出。

窑内气体在沿长度方向流动的过程中，气体的温度、流量和组成都在变化，因此流速和阻力是不同的。通常用窑尾负压表示窑的流体阻力，在窑操作正常时，窑尾负压应在不大的范围内波动，如窑内有结圈，则窑尾负压会显著升高。在生产中，当排风机抽风能力相同时，根据窑尾负压可以判断窑的工作情况。

B　窑内气流速度的大小对窑内传热的影响

窑内气流速度的大小直接影响换热系数，因而影响传热速率、窑的产量和热耗；同时也影响窑内飞灰生成量，即影响料耗。

当流速过大时，传热系数增大，但气体与物料的接触时间减少，总传热量有时反而会减少，表现为废气温度升高、热耗增大、飞灰增多、料耗加大，经济上不合理。相反，当流速低时，传热效率降低，产量会显著下降，也不合理。

窑内气流速度，各带不同，一般以窑尾风速来表示，如直径为 3m 的湿法窑，以 5m/s 左右为宜。干法窑的窑尾风速相应大一些，一般为 10m/s 左右。窑尾风速增大，回转窑的飞灰量增多。一般情况下，窑内的飞灰量与窑尾风速的 2.5~4 次方成正比。

1.1.4.3 回转窑内燃料的燃烧

A 燃料

炭素回转窑一般使用两种燃料：气体与液体燃料。其他工业也采用煤粉。根据各工厂具体条件，有的用焦炉煤气，有的用发生炉煤气，也有的用天然气。液体燃烧较复杂，一般用石油副产品重油，或者用轻组分的油类（柴油）。

我国有丰富的石油、天然气资源，生产中有许多窑炉日益广泛地采用重油与天然气燃料。另外，使用焦炉煤气燃料取得了一些经验：一是空气与煤气的比例要大，并且可以从看火孔引入空气；二是喷嘴的空气经窑头预热，这样，煤气燃烧完全，温度高，易达到煅烧温度，而且窑头温度降低。此外，焦炭的挥发物及时逸出，并有足够空气与它燃烧，窑内温度进一步提高，温度可达 1300℃。用焦炉煤气，与空气体积比为 1:3。焦炉煤气组成：CO_2 为 3.1%，O_2 为 0.9%，C_mH_n 为 1.9%，CO 为 14.9%，CH_4 为 19.2%，H_2 为 34.7%，N_2 为 20.2%。实际生产中，不同的焦炭，其特点有所不同，挥发物、块度不同，所以空气需要量也不同。焦炉煤气发热值为 3500kcal/m^3 以上。

重油的可燃部分主要由碳氢化合物组成，在燃烧过程中，每个燃料质点应当是预先加热，这样才有可能和空气中的氧气化合。在空气不足的情况下，预热液体燃料，碳氢化合物会蒸发，亦会热分解而裂化。碳氢化合物裂化的最大程度可用下式表示：

$$C_xH_y \longrightarrow xC + \frac{y}{2}H_2 \tag{2-1-9}$$

实际上，通常裂解为小分子（轻的）和高分子（重的）碳氢化合物，最简单的碳氧化合物和氢在适合的条件下（温度足够并有氧气存在时）能很快燃烧。重的碳氢化合物和游离碳很难燃烧。所以在很大程度上以未燃烧气体的形式离开燃烧室或在燃烧室中形成焦瘤。火焰中有烟炱和游离碳也是形成重碳氢化合物的结果。

当有足够的氧气时，碳氢化合物就被氧化，氧化开始阶段形成可燃气体（氧化碳和氢）。

$$2C_xH_y + xO_2 =\!=\!= 2xCO + yH_2 \tag{2-1-10}$$

燃烧的最后阶段可按下式进行：

$$2CO + O_2 =\!=\!= 2CO_2$$
$$2H_2 + O_2 =\!=\!= 2H_2O \tag{2-1-11}$$

应该特别注意碳氢化合物的分解条件，如果燃料质点的加热和蒸发过程进行得很快，同时出现氧化，则造成完全燃烧的最有利条件。反之，碳氢化合物会深度分解，形成不易燃烧的颗粒。如果燃料质点雾化得很细，并均匀分布在空气中，那么会造成良好条件，使燃料质点很快受热和蒸发，并易于和氧气化合（这是因为燃料质点和空气有很大的接触面，而且和空气混合得很好）。

在温度较低时（500~600℃），碳氢化合物的分解是对称进行的；在较高温时（650℃

以上），碳氢化合物分子的分解是不对称的，除了轻的碳氢化合物外，还形成最难燃烧的重碳氢化合物。当向火焰根部（重油雾）供给燃烧用的全部空气时，这样在较低温度下就能使分解的第一阶段进行得比较顺利。

液体燃烧料的燃烧过程是十分复杂的。为了使液体燃料能较好地燃烧，必须保证：燃料质点和空气迅速完全混合；预先良好的雾化，这就可以增加与空气中氧作用的燃料质点的自由活性表面；向火焰根部供给燃烧所需的全部空气；造成燃料和空气剧烈混合的气流（空气和燃料）运动条件（涡流）；在供入燃料空气混合物的地方必须有高的温度，使燃料的预热和蒸发阶段能剧烈、快速地进行。

在燃烧第一阶段后所形成的气体混合物易于发生迅速燃烧，增加压力，提高温度，以及利用湍流和接触剂，就能加速气体混合物的燃烧。

在某种程度上，不可避免地会形成碳氢化合物和游离碳的颗粒，但是重要的是应该使它产生在气体混合物剧烈燃烧区之前，或者在不得已时，产生在燃烧区，使这些颗粒来得及完全燃烧，而不致带入大气中。

B　火焰对烧成的影响

a　火焰长度

火焰的长度一般是指从喷煤管口到火焰终止断面的距离。燃烧条件变化，则火焰长度会有很大的变化。

煅烧（带）区间的长度由燃烧重油的火焰（或煤气的火焰）长度来确定。一般为 3~5m，其煅烧带的位置应在离窑头 2.0~3.0m 的位置开始。火焰长度对烧成工艺影响很大，当发热量一定时，如火焰过长，烧成带的温度就会降低，会造成不完全燃烧，废气温度会提高，煤耗加大等。相反，若火焰过短，即向窑头移动，煅烧带靠近窑头，窑头与卸料管则有被烧坏的可能，同时，高温部分过于集中，容易烧垮窑皮及衬料，不利于窑的长期安全运转。对炭素窑来说，短火焰好，因为它能剧烈进行燃烧，且燃料在高温区能全部燃烧。因此，火焰长度应根据窑的实际操作条件，加以调整与控制。

燃烧反应速度是影响火焰长度的最重要的因素。燃料雾化得很轻，空气供应不足或在喷嘴根部只供给部分空气，火焰的湍流不剧烈，温度不够高，所有这些因素都使燃烧过程变慢，因此火焰就得很长。相反，雾化得很细，混合得良好，混合物的湍流和涡流很剧烈，向火焰导入燃烧所需的全部空气，燃烧室中的温度和压力都很高，燃烧过程就会加速使火焰缩短，一般来说，短火焰好，因为它是剧烈进行燃烧和燃料在高温区间内完全燃烧。

b　火焰温度

窑内火焰温度与焦炭温度沿窑长的分布见图 2-1-7。图中，AB 曲线表示火焰温度变化。A 点又可表示预热空气温度 50~80℃，B 点表示 1 号存灰室温度 900~1000℃，余热锅炉表示接近此数，排烟机前温度 150~320℃。1-2 曲线表示焦炭温度变化，2 点是进料口温度，1 点是出料温度。可以看出，窑内火焰温度分布，通常是两头

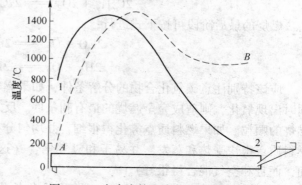

图 2-1-7　窑内火焰温度与焦炭温度变化

低、中间高。热端较低温度区就是窑内的冷却带。

回转窑煅烧温度由火焰温度决定，但不易测准，一般可控制在1200~1350℃。不像罐式炉的辐射强度大，温度控制可低些，但不能低于1200℃。窑温过高，内衬侵蚀与剥落快，同时炭素材料烧损增加。例如上海炭素厂回转窑窑温为1280~1310℃，内衬用三级高铝砖。

1.1.4.4 回转窑内的传热

对于不太长的煅烧回转窑，由于两端存在气流影响，要比较合理地分析窑内的传热是很困难的。为此，应抓住主要矛盾，来分析窑内的传热过程。

炭素材料煅烧回转窑，沿窑的长度方向，其内部空间的气体、内衬、材料等温度不断变化，在一些计算中，取的参数是平均值，内衬温度则不能这样取，显然在窑工作稳定时，在一定截面上，气体温度不是随时间而变化的，但内衬耐火砖温度则情况复杂，内衬表面沿圆周方向各处温度均不相同，在与热气体接触部分，由于接受热气体中传来的热量，内衬表面温度沿转动方向逐渐增高，而当转到和冷料接触时，由于热量不断传出，故沿转动方向温度逐渐降低。该过程如图2-1-8所示。

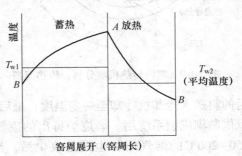

图 2-1-8 窑内转一周衬料蓄热 放热情况示意图

对于炭素材料，在材料表面，由于材料颗粒不断翻动，表面的材料温度基本上与材料层内部材料温度一致，材料层下的材料颗粒随着窑转动而被带上，并不翻动，一直与热内衬耐火砖接触，接受内衬耐火砖传给的热量，所以沿转动方向温度不断升高，材料层下表面材料平均温度 $t_{下}$ 比整个材料平均温度 $t_{均}$ 高。

回转窑内的传热源是燃料燃烧后的高温烟气，受热体是生料和窑内壁，是典型的气-固传热，传给生料的热量供煅烧过程中干燥、预热、分解和煅烧用，以完成全部工艺要求。回转窑内的传热方式为高温气体中具有辐射传热能力的组成，主要是 CO_2 和 H_2O (汽)。但由于烟气中夹带着粉体物料，因此增大了气体的辐射率。同时，因为窑内流动气体和湍流作用，产生了有效的对流传热，堆积生料之间以及窑回转时物料周期性地与受热升温的窑体内壁相接触，而有辐射与传导传热共存。

总之，窑内气-固与固-固之间同时存在辐射、对流、传导三种传热方式。其间关系错综复杂。再加上回转窑系统中，预热器和冷却机都与窑首尾相接，在一定程度上对窑内气、固温度分布也会产生一定影响。并且回转窑作为输送设备，物料运动规律，粉尘飞扬循环等也对传热有影响，从而更增大计算难度和复杂性。

经简化后，取回转窑内某一断面1m长的范围内，综合传热机制关系如图2-1-9、图2-1-10所示。

1.1.5 工艺操作

1.1.5.1 工艺流程

原料石油焦经初配和破碎后送入煅前料仓，再经给料皮带称重后送入回转窑，经煅烧

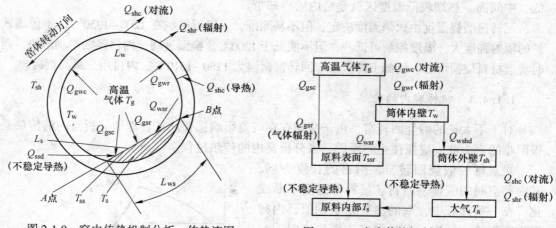

图 2-1-9　窑内传热机制分析：传热流图　　　图 2-1-10　窑内传热机制分析：传热框图

后的料送入冷却机冷却至一定温度，最后通过胶带输送机、斗式提升机送入煅后仓储存，以供制糊成型系统用。煅烧炉排出的废气进入余热锅炉，进行废热利用。从锅炉出来的 150~200℃ 的烟气用除尘设备收尘后，经烟囱排入大气。回转窑的煅烧工艺流程如图 2-1-11 所示。

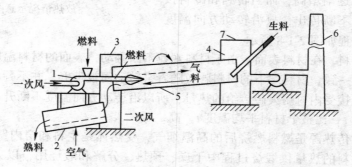

图 2-1-11　回转窑煅烧系统的基本流程

1—风机；2—冷却机；3—热端；4—烟室；5—回转窑；6—烟囱；7—冷端

为了便于工序管理，常将整个工艺系统细分为煅前上料工序、煅烧工序、煅后储运工序和循环水工序。

1.1.5.2　工艺操作

回转窑生产的工艺操作制度包括装料体积、焦炭在窑内的移动状况、煅烧带控制和负压制度。

A　装料量

装料量一般由窑体的内径决定，填充率通常为 4%~15%。窑筒内径越大，填充率越小，窑内径为 1m 或小于 1m 的，允许填充率为 15%。而内径为 2.5~3m 的，填充率仅为 6%。我国回转窑内径为 1.7~3.05m，其填充率平均为 3.42%~6.32%，填充率普遍很低。除了回转窑的内径影响填充率以外，还有煅烧带的长度、窑的倾斜角、转速及煅烧温度也影响填充率。

填充率过大，则窑内料层厚，会恶化传热条件，煅烧不透；料层太薄，又影响产量。前苏联规定焦炭在窑内停留时间不少于 30min，我国为 30~60min，美国为 60~90min。

B 焦炭在窑内的移动情况

焦炭在窑内的移动情况是比较复杂的。随着窑体的缓慢转动，从窑尾注入的石油焦逐渐向窑头移动，经过尾部的预热带，进入高温煅烧带，再经冷却带将煅烧好的石油焦从窑头溜槽送入冷却机。冷却机也是倾斜安装，采用向外壁直接淋水、间接冷却或向内部高温石油焦上直接喷水、直接冷却的双重冷却方式。冷却后的石油焦经输送设备运至煅后仓储存。不合格的石油焦送入废料仓，返回再煅烧。

C 煅烧带控制

利用窑头喷入的燃料和石油焦排出的挥发分燃烧后产生的热量来煅烧石油焦。窑内形成三个温度带：预热带、煅烧带和冷却带。

预热带为靠近窑尾的一段，石油焦从窑尾的下料管进入窑内，窑尾温度一般为 500~900℃，石油焦在预热带移动过程中，排出水分及部分挥发分。

煅烧带为窑的中间位置部分，是窑内温度最高的一段。煅烧带温度、长度和位置都将对煅烧过程产生重要的影响，这三者之间既相互独立又相互联系，并随各种条件的变化而变化。影响煅烧带温度的因素有燃料热值及用量、挥发分的含量、内衬保温效果及环境温度、负压、煅烧带长度、煅烧带位置等。影响煅烧带长度的因素有窑体长度、水分含量、挥发分、物料移动速度、负压和煅烧带温度。在窑内负压正常的情况下，煅烧带长度约占窑体长度的一半。影响煅烧带位置的因素有燃料用量、物料移动速度、负压、下料量和水分含量。由此可见，可以通过增加下料量、窑转速、负压、燃料用量、助燃空气等参数，达到控制煅烧带的目的。在生产中，还要根据石油焦粒度、水分、挥发分等各种指标的不同，适当选择运行参数，合理搭配，尽量做到勤观察、勤调整。根据窑内煅烧带的状况，各相关仪表显示的数据，煅后焦质量分析情况，对各种参数进行及时调整，以减少或消除各种因素的变化对煅烧带的影响，使煅烧带始终处于最佳状态。

D 负压制度

负压是影响煅烧带温度、长度和位置的关键因素之一，也是影响煅烧质量的决定因素。窑尾负压大，烟气流量大，带走热量多，使煅烧带温度降低；反之，温度升高。窑内负压大，窑尾热交换强度大，物料升温快，挥发分排出提前，使位置后移，影响煅烧温度，进而影响煅烧质量，且增大炭质烧损；负压小，煅烧带位于窑头，甚至压过窑头，石油焦的各种变化还未进行完全便进入冷却机，使石油焦烧不透。

回转窑各部分设备安装并鉴定符合设计要求后，可以烘窑。烘窑包括余热锅炉、存灰室、窑体。对锅炉、存放室，主要是烤干砌体，开始不能用发热值高、温度上升特别快的煤气去烘烤，主要用发热值低、火头软、安全、易操作的木柴点燃，烘后应清理干净。

1.1.5.3 烘窑

窑体的烘窑大体分两步；第一步是小火烘干，在窑尾、窑头分别先后用木柴烘窑，木柴火堆的位置约 1/3 的分线处，烘烤时，窑体约转动 1/4 圈，达到一定温度；第二步，即煤气（或重油）热窑，窑头合上，按一定升温曲线烘窑，烘窑曲线见表 2-1-5。如果用煤气烘窑，应注意窑体未点火前不应有煤气进入窑内。为安全起见，在点火前，检查煤气管道阀门、压力表等，并将排烟机、鼓风机开动，排出窑内过剩煤气。点火后，可以停排烟机，靠自然通风。例如上海炭素厂烘窑时，第一班每隔 1h 窑体转 1/6 圈、第二班每 0.5h 转 1/4 圈，第三班每 15~20min 转 1/4 圈。当温度达 600℃以上时，可用最慢的转数转动，当达 1100~1200℃时可以喂料，使窑温达到 1250~1300℃，同时也是洗窑。窑体内衬用三级高铝砖（冶标 YB 390—63、LZ-48）。

表 2-1-5　某厂烘窑曲线

班次	按窑点	升温范围/℃	升漫速度/℃·h⁻¹	燃料	窑体转动速度/r·h⁻¹
1	三存灰室	40~80±20	5	木柴	
2		~100±20	2~3	木柴	
3	锅炉	~100	—	木柴	
4		~120±20	2~3	木柴	
5		~120	—	木柴	
6		~160±20	5	木柴	
7		~200±20	5	木柴	
8	一存灰室	40~80±20	3~4	木柴	
9		~120±20	6~7		
10		~1500±20	3~4		
11		~120±20	6~7		
12	窑尾	50~90±20	7~8	木柴	
13		~140±20	6~7		1/4r/h
14		~200±20	12~13		
15	窑头	50~90±20	7~8		1/4r/2h
16		~140±20	12~13		
17		~200±20	12~13		
18	煤气	100~200±20	17~18		1/6r/h
19	烘窑	~300±20	12~13		
20		~150±20	17~18		1/4r/0.5h
21		~650±20	25		1/4r/1/3h
22		~900±20	31		
23		~1200±20	37~38		慢转动

1.2　罐式煅烧炉

1.2.1　概述

罐式煅烧炉被广泛应用于炭素厂、铝用炭素厂和焦炭行业中。它是适用于小厂的煅烧设备。罐式炉是在固定的料罐中对炭素材料间接加热，使之完成煅烧过程的热工设备。它具有煅烧质量好，炭质烧损小，比较容易实现利用炭素原材料本身的挥发分煅烧，不加或少加燃料的优点，因此，在炭素工业中被广泛采用。

罐式煅烧炉的分类方法较多，可按料罐数量、形状、烟气与物料的流动方向等进行划分。

（1）按料罐数量分，有6罐炉、12罐炉、16罐炉、20罐炉、24罐炉、28罐炉等。因为炉子以组为单元，而一组有4个料罐，所以一般炉子的料罐数是4的倍数。

（2）按料罐的形状分，有直罐炉和斜罐炉。

（3）按火道层数分，有4层和5层火道炉、6层和8层火道炉。

（4）按烟气与物料流动的方向分，有顺流式炉和逆流式炉。

（5）按燃料的种类分，有燃气炉、燃油炉和燃煤炉。

（6）按结构的复杂程度分，有普通（标准式）炉和简易式炉。

1.2.1.1 顺流式炉和逆流式炉

罐式煅烧炉在炭素工业中应用很普遍，都是在炉顶加料，在炉底排料，物料是靠自重从上向下移动的。顺流式炉烟气的流动方向与物料一致，是从炉子上方的火道往下方的火道流动。燃料从最上层火道送入，这里温度最高，而处于相应部位的物料，因为刚加入料罐时温度还很低，而在向下移动过程中温度要逐渐升高，因此这时火道温度却下降了，这对物料后期的升温特别不利。因此，顺流式罐式炉只有降低产能，减慢物料的下移速度，才能提高物料的温度。

我国早期建设的罐式煅烧炉都是顺流式的，到了20世纪70年代才发展了逆流式炉。逆流式炉的燃料从最下层火道送入，烟气与物料是逆向运动，即从下面的火道往上面的火道流动，这样，火道的高温区域正好是物料处于加热后期最需要提高温度的部位。因此，对物料的煅烧是有利的，这就使逆流罐式煅烧炉无论在产品质量、炉子产能还是热效率方面都优于顺流式炉。

1.2.1.2 简易罐式炉和普通罐式炉

为了提供适合小厂的煅烧设备，设计了简易罐式炉来煅烧炭素材料。

简易罐式炉的结构比大型罐式煅烧炉要简单，每台炉设有4个（或6个、8个）罐，罐体用单层黏土砖或高铝砖砌成。罐内断面尺寸约为470（352）mm×1520mm，高约2800mm，罐体下部装有冷却水套，冷却水套用5mm厚钢板焊接而成，水套有一个倾斜角度，出口设有排料叶板。每台炉有两个燃烧室，首层火道上面设有挥发物总道，每个料罐内挥发物经4个挥发物小孔进入总道，用拉板砖控制挥发物在首层和二层火道燃烧，五层（或末层）火道下面设有预热空气通道，经二次空气拉板控制进入二层火道，以提高二层火道的燃烧温度，或全都采用挥发物进行煅烧加热。简易罐式炉采用煤、重油或煤气、挥发物作燃料。燃料燃烧的高温热气体（焰）经罐体外侧火道，将热能传到罐壁，然后经烟道闸门或余热锅炉排至烟道（风机）、烟囱。

普通罐式煅烧炉是一个以耐火材料为主构成的庞大复杂罐体。物料在罐体与两个方向料封隔绝空气而间接加料，并充分利用炭素材料在煅烧时逸出的大量挥发物燃烧热，又利用烟气的热量来预热空气，提高热效率。罐式煅烧炉可以利用烟气余热进行发电。以某年产 500kt 煅后焦的焦炭企业为例，对其利用罐式煅烧炉烟气余热发电，对包括排烟温度的确定、余热锅炉和汽轮发电机组的选择及效益分析，结果表明，利用烟气余热年发电量可达 $8.1 \times 10^7 kW \cdot h$，经济效益显著，企业实现节能减排，符合国家发展循环经济和环境保护的要求。

1.2.2 结构

罐式煅烧炉的基本结构由炉体和金属骨架、加排料设备、排烟机与烟囱、煤气管道（重油燃烧室）与调控装置等部分组成。

图 2-1-12 和图 2-1-13 所示分别为顺流式和逆流式罐式煅烧炉炉体结构。

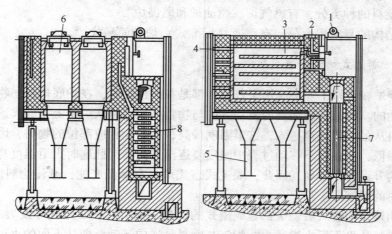

图 2-1-12 顺流式罐式煅烧炉炉体结构

1—煤气管道；2—煤气喷口；3—火道；4—观察口；5—冷却水套；
6—煅烧罐；7—蓄热室；8—预热空气道

1.2.2.1 炉体和金属骨架

炉体包括料罐、火道、四周大墙，有的还有蓄热室，其中料罐和火道是炉体最重要的组成部分。

A 料罐

料罐按纵横方向呈双排列，罐内衬砌有硅砖，每个罐两侧用煤气（或重油）燃烧嘴喷入热气体加热，从平面上来看，罐为长方形，其规格 1780mm × 360mm（1580mm×360mm）。当 6 层火道时，高3500mm；当 8 层火道时，高 4500mm，罐的硅砖壁厚为 80mm，炉子的罐数为 4 的倍数，每 4 个罐为一组，连同它两侧的 4 条火道构成一组，1 台炉可有 3~7 组或更多。

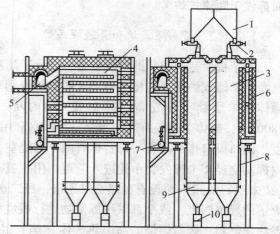

图 2-1-13 8 层火道逆流式罐式煅烧炉
结构（无蓄热室）

1—卸料贮斗；2—螺旋给料机；3—煅烧罐；
4—加热火道；5—烟道；6—挥发分道；7—煤气管道；
8—冷却水管；9—排料机；10—振动输送机

B 火道

火道在料罐高度上分6~8层，烟气在火道内是一长"之"字形路线，火焰不与原料直接接触。火道中形成高达约4m多的煅烧带，其中3m多为高温带。料罐和火道都处于高温带，工作条件恶劣，而且还要求罐壁导热性好，气密性高，故采用壁厚为60~80mm的硅质异形砖砌筑。

影响火道温度的因素：

（1）煤气的质量和压力。发热值高的煤气燃烧温度高，火道温度高；当压力大时，其流量大，完全燃烧温度高。

（2）罐内材料的质量。当水分大时，强热大，不利升温，挥发物的量少，不利于多层火道温度的升高。

（3）火道负压。负压大，火道气流大，烟气温度高，在大量预热空气与煤气完全燃烧下，火道温度高。在实际操作中，这些因素的控制是很困难的，而且是相互协调的。

C 四周大墙

炉体的中部是几组料罐和火道，外部四周是大墙。在大墙中设有挥发分和预热空气通道。煅烧过程中排出的挥发分从罐上部的逸出口流出，由位于炉顶部的集合道把同组中的挥发分汇集，然后经大墙中的通道，送到燃烧口和需要补充热量的火道进行燃烧。大墙采用黏土质耐火砖、保温砖和红砖砌筑。

D 蓄热室

在炉后不设余热锅炉时，为了利用废烟气的余热，可设蓄热室。蓄热室由黏土质的格子砖砌筑，废烟气和空气按各自的通道交错流动进行换热，通过格子砖，废烟气温度由1000℃降到500~600℃，而空气则被预热到400~600℃。采用预热空气助燃，不但提高煅烧温度，还节约燃料。蓄热室有多种形式，有陶瓷材料、金属材料等。经蓄热室或炉底空气预热道预热过的空气，也要通过大墙中的通道才能送到煤气（或重油）和挥发分的燃烧点供其燃烧。为了控制挥发分和预热空气的量，专门设有拉板砖进行调节。另外，在大墙上还设有很多火道观察孔、测温测压孔，便于炉子的操作和监控。

E 金属骨架

整个炉体用金属骨架支撑和紧固。冷却水套悬挂在料罐的底部。煅烧好的料通过冷却水套即被冷却到100℃以下。

1.2.2.2 加、排料装置

加、排料装置分别位于炉顶和冷却水套下面。加、排料方式和设备结构形式虽然不同，但对其总的要求都一样，即连续均匀地加、排料，且在较大范围内能调节加、排料量；密闭性能良好，不允许漏进空气造成物料氧化，牢固可靠，便于维护。

1.2.2.3 排烟机与烟囱

从火道出来的烟气温度约800℃，烟气进入每组的烟气总聚集道内，在通过蓄热室和各组的下部烟气聚集道后，沿着两个安有调节闸板的连通小烟道进入炉子的总烟道内，烟气又可送至沥青沉淀池或浸渍设备，再次利用其余热，最后才排入空气中，通过闸板可以马上调节整个罐组的抽力。

1.2.2.4　余热锅炉

当改用延迟焦作原料时，大量挥发分的燃烧，不但满足了煅烧温度的要求，而且还大有富余，采用蓄热室的形式已不能充分利用这部分热量，所以被余热锅炉取代。有的工厂煅烧挥发物达 12% 的延迟焦，余热量大，烟气到蓄热室温度太高，所以没有余热锅炉，而且每两组炉子可产蒸汽 1t/h。

1.2.3　工作原理及热工特点

1.2.3.1　工作原理

罐式煅烧炉在固定的料罐中实现对炭素材料的间接加热，使之完成煅烧过程的热工设备。煅烧时原料由炉顶加料装置加入罐内，在由上而下的移动过程中，逐渐被位于料罐两侧的火道加热。燃料在火道中燃烧产生的热量是通过火道壁间接传给原料的。当原料的温度达到 350~600℃ 时，其中的挥发分大量释放出来。通过挥发分道汇集并送入火道燃烧。原料经过 1200~1300℃ 以上的高温，完成一系列的物理化学变化后，从料罐底部进入水套强制冷却，最后由排料装置排出炉外。完成了热交换的废烟气送入余热锅炉，利用其余热生产蒸汽，或送入蓄热室预热供燃料和挥发分燃烧的空气。

显然，热量从热气体传给罐内的固体材料（还有气体挥发物）是通过对流、辐射、传导三种方式来实现的。同样，处于高温的罐壁，又是通过传导、辐射、对流三种方式将热量传给炭素材料的。

1.2.3.2　热工特点

罐式煅烧的热工特点如下：

（1）间接加热。热量的载体与被加热的物料不直接接触，火道中的高温是通过 60~80mm 厚的硅砖罐壁把热量传给料罐中的物料的。

（2）按烟气与物料运动的相对关系，有顺流和逆流两种加热方式，后者具有较高的传热效率。

（3）能够做到对挥发分充分合理的利用。一方面，对同一组料罐中逸出的挥发分先汇集，然后按升温需要送到相应的火道层燃烧，并用挥发分拉板进行控制，达到延长煅烧带，调整热工制度的目的。另一方面，物料的挥发分含量对热工过程有重要影响。挥发分含量大，可以减少燃料的供给，甚至实现无外加燃料煅烧。罐式炉是利用物料挥发分燃烧的自热式煅烧设备。当物料的挥发分大于 7% 时，罐式煅烧炉不用外加燃料，全部利用物料挥发分燃烧热量。当挥发分小于 6% 时，有时需额外补充煤气等燃料。例如，延迟焦挥发分最大可达 12%。因此可以说罐式炉是利用物料挥发分燃烧的自热式煅烧设备。

但同时，挥发分大也带来罐内结焦、排料困难、挥发分道容易堵塞，火道温度过高甚至被烧塌等不正常情况。为此，生产上常用煅烧混合焦的办法来解决，中国研制的斜罐式煅烧炉煅烧含挥发分高的延迟焦是完全成功的。

（4）炭质烧损较小，一般可以达到 3%~4%。因为是间接加热，烟气中的过剩空气不会造成料的氧化。料罐内，由于挥发分静压力的作用，在上部形成约 10Pa 的正压。空气不会渗入，在下部形成负压，如果罐体不严密就会漏进空气，造成料的氧化。

（5）不直接测量料温，而是以火道温度作为控制基准。调温的手段灵活，既可以控制燃料、挥发分的量，也可以通过负压进行控制，还可以改变加、排料量进行调节。

（6）余热利用充分。不但设有余热锅炉或蓄热室，在炉底还设有空气预热道。既冷却了炉底改善了操作环境，又预热了空气。

（7）均匀地加、排料，保持罐内一定的料面，对煅烧过程的稳定有其重要意义。这一方面是因为料在罐内应有一定的停留时间，才能保证料的煅烧质量；另一方面是逸出挥发分的量要均衡，才能保证热工制度的稳定。

1.2.4 工艺参数及操作

1.2.4.1 工艺参数

A 产能计算

每个料罐的小时产能计算为：

$$g = \frac{FHr}{t} \tag{2-1-12}$$

式中 g——单个料罐 1h 的煅后焦产量，kg/h；

F——罐的断面面积，m^2；

H——料罐的装料高度，m；

r——炭素材料在罐内的堆密度，kg/m^3；

t——在罐内的停留时间，h。

因此，每台炉子每天的产能可用下式表示：

$$G = 24ng \tag{2-1-13}$$

式中 G——每台炉一天的产量，kg；

n——每台罐式炉的罐数。

炭素材料在罐内的平均移动速度为：

$$v = \frac{h}{z} \tag{2-1-14}$$

炭素材料在 6 层（或 8 层）火道高度的停留时间：

$$z = \frac{h_0}{v} \tag{2-1-15}$$

式中 h_0——火道部分高度，即各层火道空间总尺寸，加上各火道间隔板厚，m。

炉子的实际产能也可对照核算为：

$$G' = g' \cdot t' \cdot (100 - a)\% \tag{2-1-16}$$

式中 G'——每台炉一天的实际煅后焦产量，kg/d；

g'——加料机每小时平均加料量，kg/h；

t'——加料机一天实际工作小时数，h/d；

a——挥发分、水分及炭质烧损所占比例，%。

B 热平衡及热效率

以某厂顺流式罐式煅烧炉的热平衡测试为例，该炉以低发热量为 $5700kJ/m^3$（标准）

的煤气为燃料，生焦含挥发分 7.68%，含水分 4%。以 1kg 煅后焦为基准，环境温度为 20℃的热平衡见表 2-1-6。

表 2-1-6　罐式煅烧炉热平衡表

热　收　入			热　支　出		
项目	数量/kJ · kg⁻¹	所占比例/%	项目	数量/kJ · kg⁻¹	所占比例/%
煤气燃烧热	6140.4	45.32	煅后焦带走热	292.9	2.16
挥发分燃烧热	6137.5	45.30	冷却水带走热	3256.1	24.03
炭质烧损热	1270.1	9.38	煤气带走热	8199.5	60.52
			挥发分分解热	22	0.16
			炉体散热	669.9	4.94
			水分蒸发热	238.1	1.26
			其他	869.5	6.42
合计	13548	100	合计	13548	100

1.2.4.2　工艺操作

A　工艺流程

符合质量要求的原料由火车或汽车运入原料库，卸在规定的原料槽中。按生产要求的配比，将不同理化指标的原料在配料槽中配匀后，由抓斗抓入格筛上（或颚式破碎机内）预碎，经振动给料机均匀给料，由齿式对辊破碎机粗碎成 50mm 以下的原料。再由斗式提升机、皮带运输机转入煅烧炉加料斗或储存于煅前储料斗中。取用时，料从煅前储料斗进入下部的皮带运输机，再经斗式提升机、皮带运输机进入煅烧炉加料斗。

原料在炉上的加料斗中，经加料自动探料器控制，由螺旋给料机按时均匀地加热到炉内。物料靠自重从上向下移动，在移动过程中逐渐被位于料罐两侧的火道加热。当原料的温度达到 350~600℃时，其中的挥发分大量释放出来，通过挥发分道汇集并送入火道燃烧。原料经过 1200~1300℃的高温煅烧，完成一系列的物理化学变化后，从料罐底部进入水套冷却，按一定时间间隔由排料装置排出炉外。合格的煅后焦，用电车或链式提升机（或高压风力输送系统）运往煅后储料漏斗。同时，为降低煅前料的挥发分以防止炉内结焦，将一部分煅后焦返回煅前储料仓，根据原料挥发分情况，决定返回料占原料的比例（通常为 10%~20%）。按比例回配的煅后焦由电磁振动给料器、带式输送机、斗式提升机输送到可逆配料输送机或延迟石油焦一起输送到煅前储料斗内备用。不合格的煅后料返回原料库进行二次煅烧。

煅烧过程中排出的高温烟气，可当作热媒锅炉或蒸汽锅炉的热源，或送入蓄热室预热燃料或挥发分燃烧所需的空气。

罐式炉煅烧系统工艺流程见图 2-1-14。为了便于工序管理，常将整个工艺系统划分为煅前上料工序、加料调温工序、排料回配工序、循环水工序。

B　耐火材料砌筑及炉子的工作寿命

罐体和火道是用异形硅砖砌筑。硅砖具有导热性好、荷重软化温度高、高温机械强度大等特点，适合于间接加热、火道温度高、有物料摩擦和撞击的工作条件。其缺点是抗热

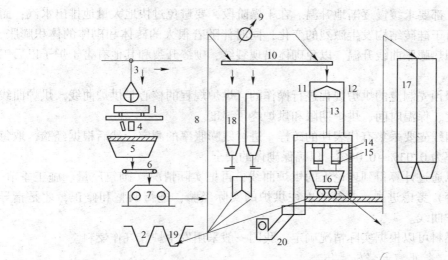

图 2-1-14　罐式炉煅烧工艺流程示意图

1—车厢；2—原料槽；3—抓斗天车；4—颚式破碎机；5—带格配料斗；6—皮带给料机；7—齿式对辊破碎机；
8—提升机；9—计量秤；10—运料皮带；11—漏斗；12—加料装置；13—罐式煅烧炉；14—冷却水套；
15—排料机构；16—排料小车；17—煅后储斗；18—煅前储斗；19—返料储槽；20—烟道

震性差，故操作中应注意尽量减少温度的波动。一般把硅砖制成带凸棱和沟槽的异形砖。并且尺寸要求准确，砌筑砖缝要求严格，因此对硅砖的理化指标和尺寸有严格的要求，不但增加了砌体的气密性，还加强了整体的机械强度。除此之外，燃烧口温度高，用高铝砖砌筑，蓄热室和四周外墙则用热稳定性较好的黏土质耐火砖以及保温砖和红砖砌筑。

　　运行中的炉子，如果温度控制不好，温度太高或波动太大，砖就会被烧坏或造成严重裂纹，物料中的碱性灰渣生成的低熔点盐对硅砖会造成侵蚀。固定碳与 SiO_2 在长期高温作用下发生的还原反应，使硅砖的结构疏松，移动的物料对罐壁的磨损使砖的破坏逐渐扩展到内部，就是上述各种因素的综合作用造成了硅砖的损坏。燃烧口因为高温，温度波动大，也是炉子最容易损坏的部分。此外，铸铁支撑板、冷却水套、加排料装置也有被烧坏的情况。

　　炉子的工作寿命主要决定于硅砖砌体的损坏情况，其影响因素有：（1）砖的质量；（2）砌筑质量；（3）烘炉质量；（4）煅烧物料的种类；（5）操作情况；（6）炉子维修情况。

　　罐体和火道是炉子工作条件最恶劣的部分，也是炉体损坏最严重的部分。硅砖在升温过程中，因为体积变化大，所以对烘炉的要求特别严格。操作不当，常常造成炉子早期破损。所以烘炉质量是影响炉子工作寿命的重要因素。

　　C　烘炉操作

　　烘炉是炉子投产前必不可少的由常温转入正常工作温度的工艺操作。炉子的工作寿命取决于烘炉情况的好坏。烘炉工作的复杂性在于：硅砖在几个温度范围内有着很大的和不均匀的膨胀系数，此外，炉子本身砌体的体积也很大。

　　在炉子投料之前，罐式炉烘炉过程的三个阶段：从点火到150~200℃，是烘干水分和加热砌体；200~700℃，是初阶段（中温）烘炉；700~1000℃，是末阶段（高温）烘炉。

在各个阶段中，都要求缓慢逐渐地升温。在干燥阶段，要避免过快地大量地排出水汽；而在高温阶段，由于硅砖结构发生激烈的变化，同时伴随着很大的砖体和砌体的体积膨胀，应按硅砖的体积热膨胀曲线升温，以免砌体出现裂纹、砌缝开裂和其他有害于炉子以后工作的现象出现。

烘炉是按照预先制定的烘炉规程进行操作的，烘炉规程的核心是烘炉曲线。烘炉曲线规定了升温速度、保温时间、烘炉期限和烘炉终了温度。

制定烘炉曲线先要采集有代表性的砖样，进行线膨胀率的测定，然后根据经验，取每昼夜的线膨胀率为 0.03%~0.04%，以确保砌体的安全。

这样就可以通过计算得到理论上的烘炉曲线，再把实际情况（砌筑质量、施工季节、自然干燥时间等）考虑进去，并参考以往烘炉的实际经验，进行调整和修正，才是指导烘炉的实际烘炉曲线。

烘炉用的燃料可以根据实际情况确定。我国一般采用发生炉煤气作燃料。

D　罐式煅烧炉正常开停机操作

（1）点火操作。

（2）开、停炉操作。正常操作顺序、保温停炉操作。

（3）清扫煤气水平管、阀门和套筒。

（4）经常检查火焰燃烧情况，熄火要及时关闭煤气阀门，并按点火操作点火。

（5）煤气支管中的积水要求每班排放。

（6）煤气压力要求保持在 40~70mmH$_2$O（注：1mmH$_2$O ≈ 9.8Pa）。

E　其他工艺操作

罐式煅烧炉的调温首先要熟悉炉体结构是顺流式还是逆流式，罐式炉的调温主要调节好挥发分，空气量，火道负压，烟道负压，控制好排料量，挥发分是燃料的主要来源，空气是燃烧的先决条件。挥发分和空气依靠负压产生的抽力强制流动，每层火道都有不同的温度制度和要求。炉体温度过高会烧坏炉体，调温是需要在实践操作中不断摸索才能很好掌握。

1.2.4.3　罐式煅烧炉的维护与修理

A　加料操作的故障处理

（1）加料途中突然停电，应将下料口插板插好，待恢复正常后，再按加料操作程序进行操作；如停排烟机时间过长，需要停止加料。

（2）加料时若发现个别炉号下料异常，应及时汇报和清捣料口直至下料正常。

（3）罐体有结焦现象不下焦时应进行负压清捣，并防止清捣工具伤害炉砖。

（4）挥发分通道堵塞时间长，需要正常加、排料，待红料全部加进炉内再上料，并处理挥发分通道。

B　调温操作异常情况处理

遇到下列情况需对罐体温度进行调节：

（1）罐体发生结焦，导致个别炉温偏低，则适度减小此组的吸力，即将七层拉板关小一点。

（2）备料发生故障，无法正常供料，影响正常排焦，要及时向车间汇报，要根据故障检修时间长短，料斗内的料位情况，及时调整排焦时间；要及时观察炉温，发现炉温偏低，要适当减小系统吸力。

（3）碎焦机等设备发生故障无法排焦，导致个别炉温偏低，则适度减小此组的吸力，即将七层拉板关小一点。

C　水套的常见故障及处理方法

a　水套结垢

（1）机械处理：将水套外壁割开，用铲子、撬杠等工具，将水套内的水垢清理干净，再将外壁焊接。

（2）更换水套：不停炉更换水套，注意工艺与维修的配合，预防罐体降温过大，预防挥发分总道、喷火嘴位置烧坏。

（3）化学处理：有专业的除垢技术队伍，可以在基本上不影响生产的情况下清理水垢。

（4）水处理：利用钠离子交换器处理过的水，或者反渗透处理过的水作为循环水。

b　水套外漏

（1）补焊：将外漏位置补焊。

（2）接溜子：高位无法补焊的，可在漏点下方接溜子，溜子的水回到水套回水管。

（3）外漏严重的，或者煅烧炉炉龄比较高，外漏水套数量多的（而且无法补焊的），可以将溜子的水集中到一个集水箱，再抽到煅烧炉水套回水管。

注意：为了节能降耗，减少运行费用，现在很多厂家的回水管都抬高至水套回水分管位置，甚至有的高于该位置，这样溜子的水回不到回水管，只有用第（3）种办法。

c　水套内漏

（1）炉龄较长的，没必要换水套的，可以将回水管下移，移植漏点稍微往下的位置，这样造成的后果，就是回水管上部位置水套干烧。

（2）补焊：用蛇皮管接在水套排污口水管上，利用连通器的原理，判断漏点高度，在该高度上下20cm左右，割洞找漏点（注意：不能将水套一圈全部割开，为了安全，要一段一段地找），找到漏点补焊。

（3）漏点较高，无法补焊的，采用第（1）种方法，或者更换水套。

（4）更换水套。

d　水套进水管腐蚀

更换进水管。

e　水套出水管腐蚀

更换出水管。加快不影响煅烧炉运行，加快更换速度，可用软管代替。

1.3　电热煅烧炉

1.3.1　概述

电热煅烧炉，简称电煅炉，是铝用阴极炭素生产中的高温热处理窑炉。电煅炉主要煅烧无烟煤，其次煅烧石油焦和沥青焦。

　　电煅炉煅烧无烟煤作为生产高炉炭块、铝用炭块和铝用、冷捣糊或电极糊的原料。无烟煤要获得优良性能，需要在 1600～2200℃ 的高温下进行煅烧。目前，广泛采用的无烟煤煅烧工艺设备为电热煅烧炉，用此方法煅烧的无烟煤称为电煅烧无烟煤（简称电煅煤或 ECA）。

　　电热煅烧炉按其结构特点分类如下：

　　（1）按炉体形式分为敞开式和密闭式。其中密闭式又可分为水平配置电极和垂直配置电极。

　　（2）按供电方式分为直流电煅炉（DC）和交流电煅炉（AC）两种。直流供电中又分单相直流供电电煅炉、三相直流供电电煅炉两种。

　　电煅炉炉体为钢外壳的直立圆筒，内衬耐火材料和隔热保温材料，炉膛上部悬挂一根可上、下移动的石墨电极，炉膛底部为预先用电极糊捣固，后经自焙形成的导电电极，炉下部设有水冷壁、水冷圆台和排料机构。无烟煤自炉顶连续加入，通过炉上部的预热带再下降到煅烧带，煅烧好的物料落入由水冷壁、水冷圆台形成的冷却带，经排料刮板连续排出炉体。

　　电煅炉结构简单，操作连续、方便，投资少，电耗低，维修操作方便，煅烧温度可由原来的 1250～1350℃升高到 1600～2200℃，经过其煅烧的无烟煤为半石墨质，导电性能良好，耐化学侵蚀性和高温下体积热稳定性也有了很大的改善，因此，非常适合于对无烟煤的高温煅烧。

　　为了适应国内大型预备电解槽技术发展的需要，从提高无烟煤的煅烧质量入手，以达到提高大型阴极炭块质量的目的，20 世纪 80 年代，我国贵州铝厂从日本引进 1200kV·A 交流电煅烧炉煅烧无烟煤技术。1996 年唐利中等开发了 800～1000kV·A 三相直流电煅炉。为了进一步降低电煅烧炉煅烧无烟煤的电能消耗，在交流电煅烧炉的基础上，2000 年东北大学又设计出了 1350kV·A 单相直流立式电煅烧炉。在消化日本 1200kV·A-AC 炉的基础上，山西平定炭素厂、包头二化（现双环炭素厂）、石嘴山第一炭素厂和兰州炭素厂（现兰州炭素有限公司，简称兰炭公司）等各建两台 1350kV·A-AC 炉。由于国内引进这种煅烧工艺技术时间不长，运行中还存在不少问题，目前在继续完善改进中。我国与其他国家的煅烧无烟煤的电煅炉主要技术参数（电耗和产量）比较见表 2-1-7。

表 2-1-7　一些国家煅烧无烟煤的电煅炉主要技术参数（电耗和产量）比较

国　家	电耗/kW·h·t^{-1}		产能/t·d^{-1}	备　注
中国	650～800		24～28	1350kV·A-DC 炉
日本	1250		17	1200AC 炉
前苏联	1250～1950		16.8～28.8	из Т10 型-AC 炉
法国	传统	1100	13.2	650kV·A-AC 炉
		1000	24	1500kV·A-AC 炉
	新炉	550	26	650kV·A-AC 炉

　　国内电煅炉使用的下部电极一直为捣固自焙电极，而上部电极也经历了自焙电极到人造石墨电极的过程，现在上部电极全部为人造石墨电极。

1.3.2 结构

目前，国内阴极炭素厂煅烧无烟煤使用的煅烧炉是立式电煅炉，由炉顶料仓、上部电极及电极吊持装置、炉体、下部电极及水冷支撑、排料机构等构成（图 2-1-15）。此外，每台电煅炉都配有一台独立供电变压器、上料设备、煅后输送设备及通风除尘设备。

电煅炉的结构如图 2-1-15 所示，单相电热煅烧炉的外壳是由厚钢板焊成的圆筒，内衬一层耐火砖，炉膛下部用糊料捣固作为导电的另一极，炉底设有双层冷却桶及排料机构。下面简单介绍电煅炉系统结构组成。

1.3.2.1 原料仓

电煅炉上部料仓用钢板，一般每台炉有 2 个，用料面计位仪器（控制室）显示料仓内原料的多少。料仓下部设有 4 组滑动排料闸门。

1.3.2.2 电极及吊持装置

上部电极由夹持器进行固定并供电，下部电极用母线直接供电，夹持器分两块用梯形螺栓紧固，要求与夹持器接触的电极外壳表面光滑，用设在炉上的 3t 电葫芦进行上部电极的起吊放下操

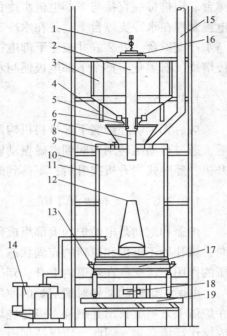

图 2-1-15 电煅炉的结构简图

1—手动葫芦；2—上部电极；3—上部料仓；
4—悬杆；5—上部料仓下料滑动闸板；
6—上部电极夹持器；7，12—下部电极；
8—防爆阀；9—炉盖；10—炉体；11—炉壁；
13—粉尘收集室；14—供电变压器；
15—烟道；16—上部电极绝缘夹持器；
17—炉底；18—驱动器；19—振动输送机

作，以调整炉内电极长度。为防止电极下滑，在电极与厂房接触处安装有上部电极绝缘挂钩和绝缘木紧固装置。

电极夹持器是用电解铜铸造而成的内空强制水冷式夹持器，由于铜在高温环境下抗氧化性能低，易被氧化腐蚀造成漏水，一旦漏水应及时更换新件。

1.3.2.3 炉体

炉体为煅烧炉主体部分，炉体外壳为钢板焊接构造，炉体负荷用托座支撑在厂房的层梁上，托座与层梁之间装有石棉麻丝板绝缘。炉体下部为水冷套构造，并设置有防尘罩，防尘罩上开设有检查人孔，用于调整刮板等。炉体内衬用高铝砖砌筑，在炉体与砖之间装铺石棉制板。

在生产过程中，煅烧原料从炉上部通过炉体至下部排出，其热处理过程在此间完成，由于物料的冲刷和高温作用，造成炉体内衬损坏，因此要密切注意炉壁温度的变化，发现炉体表面温度过高，甚至局部烧红，应及时分析原因，并采取相应的措施。

1.3.2.4 下部电极及水冷支撑（下部电极台）

下部电极固定在下部电极水冷支撑台上。下部电极水冷台为圆台形的带夹套的水冷支

撑台。铜排母线直接与下部电极水冷台下端相连进行供电。下部电极的砌筑,是先将下部电极套焊在水冷支撑台上,并在水冷支撑台上焊上若干不锈钢扁钢和角钢,以紧固电极糊与水冷支撑台。安装好并校正下部电极套后,捣固电极糊,最后焊好铁盖板,进行下部电极焙烧、石墨化。整个下部电极便与水冷支撑台共为一体。

1.3.2.5　炉底排料机构

煅后无烟煤经炉底下部排料机构刮板回转排出。刮出的煅后热无烟煤经冷却料斗冷却后,通过自动翻转闸板阀到电磁振动输送机,电磁振动输送机把煅后无烟煤输送到斗式提升机,经斗式提升机提升后,下落到螺旋输送机,再把煅后无烟煤输送到煅后储存料仓。

1.3.2.6　炉盖和烟囱(烟道)

炉盖和烟囱是电煅炉的上部组成部分。炉盖中心开孔供上部电极穿过和加料,在生产时,该孔处于电极和原料的充满状态。炉内高温产生的烟气挥发物上升至烟道,在烟道负压的作用下,烟气在烟道内上升,到达烟道顶端用火点燃,焚烧后的烟气排放到大气。

电煅炉烟道的通畅对煅烧炉的使用寿命产生极大的影响。烟道堵塞,烟气不流畅,则在炉体上方料盆冒出并燃烧,极易烧坏夹持器和垫木,损坏吊杆等部位的绝缘,同时也造成操作环境恶劣,因此,应保持烟道畅通。

1.3.2.7　供电系统

单相电煅炉用低电压大电流单相直流变压器供电。变压器的容量视电煅炉的产能大小确定,最高电压视炉膛高度和材料的电阻率而定,一般采用 $30 \sim 80V/m$(由电极的下断面到炉底)。

1.3.3　工作原理及工艺技术参数

1.3.3.1　工作原理

电煅炉是一种单相电阻炉,它是利用电流通过具有电阻性质的被煅烧材料时产生的热量的原理工作的。被煅烧材料既是电阻体或电热体,又是被加热体。根据焦耳楞次定律 $Q = 0.24I^2Rt$,通过安装在具有良好隔热、绝缘的炉筒体两端的电极向炉内供电,利用无烟煤本身的电阻构成电流通路,将电能转化成热能,使无烟煤逐步在基本隔绝空气的条件下加热到 $1600 \sim 2200℃$ 的高温,达到煅烧的目的。随着电煅炉内温度升高,被煅烧材料物理化学性质发生变化,特别是电阻率降低及密度提高,当达到预定值时被排出电煅炉外。

1.3.3.2　电锻炉的工艺技术参数

国内某单位的电锻炉的技术参数见表2-1-8。

电锻炉的煅烧电流的大小和物料在炉内的停留时间决定煅后无烟煤的质量,并由加排料的量来决定。新加进的无烟煤电阻率较大,可以抵消煅烧过程中炉阻的下降,使煅烧电流基本保持恒定。适当的加排料量与煅烧二次电流的恰当配合,是获得质量稳定的煅后无烟煤和保证煅烧正常的重要条件。工艺控制上,主要通过调节电流和排料量(速度),来保证炉内温度和无烟煤的炉内停留时间而得到合格的煅后煤。排料量的大小视二次电流而定，电流增大，排料量相应增大，反之则减少。

表 2-1-8 电锻炉的技术参数（国内某单位）

参　数	范　围	参　数	范　围
变压器容量/kV·A	1000~1350	产能/t·d^{-1}	9~26
炉膛内径/mm	1860~1930	炉衬及隔热保温材料	高铝砖+纤维毡+隔热板
炉膛高度/mm	6025	变压器额定电流/A	15000~16880
上部电极公称直径/mm	400~500	物料冷却方式	水冷+自然冷却
下部自焙电极直径/mm	500~1100	耗能/kW·h·t^{-1}	725~920

1.3.4 工艺操作

1.3.4.1 工艺流程

电煅炉煅烧无烟煤的生产工艺流程由煅前无烟煤上料系统、电煅炉、煅后无烟煤储运系统、供电系统和循环水冷却水供给系统等组成（图2-1-16）。

如图2-1-16所示，无烟煤由煅前上料系统输送到电煅炉煅前料仓，自电煅炉上部煅前料仓下料口加入电煅炉，随煅后无烟煤从下部排料刮板的排出而自动流入炉内，炉内的无烟煤在炉子的上、下部电极之间下移过程中，利用自身的堆积电阻与上、下部导电电极通入的电流，把电能转化为热能，被加热到1800~2100℃的高温，进行高温煅烧。煅烧后的无烟煤逐步下移，经炉体下部的冷却壁、底部电极水冷台和水冷底盘的冷却后，温度逐渐降低，由旋转的排料刮板排出，流入冷却料斗后再次进行冷却，冷却后的煅后无烟煤通过冷却料斗下料闸板阀进入振动输送机，最后经振动输送机、斗式提升机、螺旋输送机等输送设备，输送到煅后储仓。

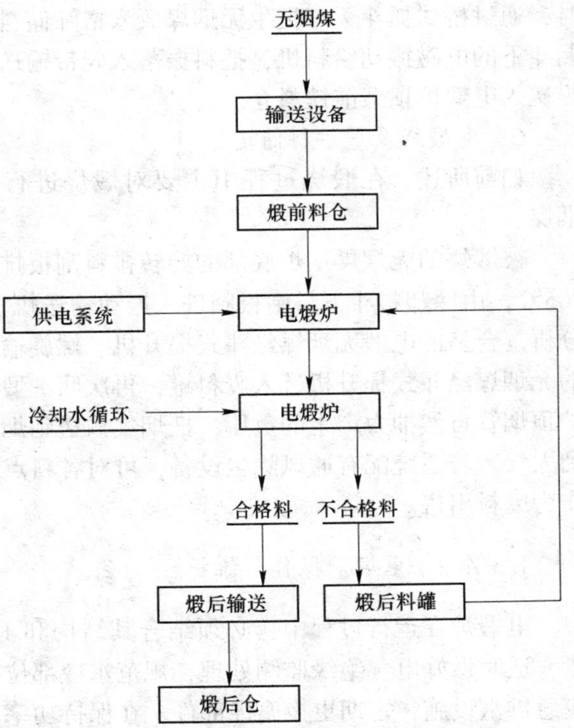

A 生产前的准备工作

生产前的准备工作包括下部电极的制作、烘炉及下部电极的焙烧、石墨化。

a 下部电极的制作

电煅炉初次或下部电极损坏后运行前，必须进行下部电极的制作。下部电极制作前，

图 2-1-16 电煅炉煅烧无烟煤的生产工艺流程

准备好质量符合技术要求的电极糊，并做好下部电极外套铁筒与下部电极冷却支撑台上扁钢和角钢的焊接，下部电极外套铁筒内保持清洁，底部涂刷均匀焦油。

制作时，将事先准备好的温度在100~120℃的软化电极糊，通过溜槽加入冷却水台上方焊接好的下部电极铁套内。加入的电极要完全覆盖下部电极冷却支撑台面，并控制厚度在10cm左右。捣固动作要迅速以防止糊料变凉。重复上述操作，完成下部电极制作后，用带孔的铁盖板焊接密封下部电极外套铁筒顶部。

b　电煅炉的烘炉及下部电极的焙烧、石墨化

电煅炉的内衬在砌筑过程中含有大量的水分，通过烘炉，可将水分排出，保证炉体内衬结构的致密性和整体性，从而提高电煅炉的整体使用寿命。电煅炉初次运行和大修后都要进行烘炉。整个烘炉过程包括烘炉前的准备（人员、物资准备）、电煅炉整个系统（上料和排料、冷却水循环系统、供电系统等）的运行检查、上部电极的调整、电煅炉内注入电煅无烟煤、电煅炉的送电升温和下部电极的焙烧石墨化、转入正常生产运行等的生产过程。

B　煅前上料

煅前上料的主要任务是把煅前无烟煤由原料储存库，通过输送和提升设备输送到电煅炉煅前料仓。厂外运来的生无烟煤经化验分析和粒度检查合格后，存储于原料库。上料时，通过桥式抓斗天车把生无烟煤放入格筛储料漏斗中检查出混入的杂物。通过格筛储料漏斗下的电磁振动给料机，把料振落入胶带输送机，再经斗式提升机等输送设备把生无烟煤送入电煅炉顶煅前铁料仓。

C　电煅烧及煅后料储运

如前所述，在煅烧过程中主要对煅烧进行监控和调整，确保生产出合格的电煅无烟煤。

被煅烧的无烟煤从炉底部的旋转排料刮板排出，流入下方的冷却料斗，温度降到85~105℃，由冷却料斗下料闸板阀进入振动输送机。振动输送机上部设置取样口，取样化验分析。合格的电煅无烟煤经斗式提升机、螺旋输送机等输送设备输送到煅后储仓。不合格的无烟煤经斗式提升机进入废料罐，再次回炉煅烧。煅烧过程中产生的烟气，通过电煅炉炉顶烟管自然抽力产生的负压，把烟气输送到烟管顶部，在烟管顶部焚烧后，有组织排放到大气。若系统配有通风除尘设备，可对各料点接口处产生的粉尘进行收尘，收下的粉尘作为废料出售。

1.3.4.2　电煅炉操作与维护

电煅炉在运行过程中，必须结合其结构和工艺特点，合理控制无烟煤粒度和煤粉含量，适时做好电气绝缘监测处理，规范水冷部位的检查，制订电煅炉断水应急预案，增加应急供水设施，定期更换腐蚀部件，在保持功率、排料量和冷却水供给量相互平衡的情况下，合理进行操作，才能实现"本质安全型"生产目标。

我国现有120余台电煅炉，在运行过程中经常出现的故障主要集中在冷却循环水及导电电极两个方面。对这两类故障如果处理不及时、不得当，一方面会影响电煅煤的质量；另一方面会降低电煅炉的安全可靠性，甚至可能引发严重的喷炉事故，在使用维护中，必须高度重视对重要部件的故障分析与处理。

A　上部电极

在实际运行中，上部电极（包括夹持器及冷却水部分）可能发生的故障类型有：

（1）上部电极氧化脱落，脱落的电极埋入电煅炉物料内，无法从电煅炉上部取出。

（2）上部电极夹持器下边缘烧损，出现渗水或漏水。

（3）上部电极母线变形，甚至发生断裂。

（4）电极本体、电极夹持器或母线出现电灼伤凹坑。

（5）夹持器冷却水管烧损、断裂，出现大量漏水。

上部电极（图2-1-17）运行故障处理措施：

（1）超过2h以上停炉时，应该把电极逐渐从炉体内上拨一定尺寸，并在电极夹持器的电极周围用电煅炉保护罩覆盖。

（2）根据电煅原料合理控制烟道负压，避免料盆着火。如果烟道闸板开至最大，仍然不能有效控制烟道负压，而且烟道温度比平常降低时，应对烟道下口进行检查、清理，消除烟道堵塞的可能性。

（3）选用合适的材料来制造夹持器。电极夹持器用铸铜时砂眼缺陷不易消除，当运行中过度受热时承压性能降低；当接触面不平整时，容易出现裂纹及灼烧凹坑，使电极夹持器渗水、漏水。可以采用钢件与铸铜件相结合的电极夹持器。钢件部分通冷却水，铜件与电极和母线相连导电。电极夹持器的制造精度要高，避免椭圆或接触面不平整。

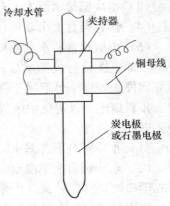

图2-1-17　上部电极组成

（4）在母线与母线、母线与电极夹持器连接处涂抹导电膏，并紧固好螺栓，在涂抹导电膏前仔细对母线接触面进行处理，避免产生电弧。

（5）选用优质石墨电极，提高电极本体抗氧化性能。最好选用正规厂家生产的高功率石墨电极，而且，石墨电极直径与炉膛直径比要在合理的范围内（直径比一般为3.80~4.75）。尽量不要选用带黑皮的石墨电极。当电极与电极夹持器不能紧密接触时，要用薄铜皮找正，确保电极夹持器内表面与电极紧密的全面积接触。

（6）及时剔除电煅炉排料口脱落的电极，避免影响电煅炉均衡排料。

（7）控制电煅原料挥发分。譬如，煅烧无烟煤时，原料煤的挥发分应该控制在9%以下。

（8）密切关注料盆内生料高度和料面火苗情况，避免电极夹持器过度埋入生料内，料面不得有明显的火苗；如果出现料面窜出明火，就应该打开烟道清理门对烟道进口结焦进行疏通处理。

B　下部电极

在实际生产过程中，下部电极（图2-1-18）常见故障类型有：

（1）电极本体开裂、断裂。

（2）电极本体疏松，特别是电极本体下部300~400mm高度的疏松。

（3）电极本体倾倒。

（4）支撑下部电极的水冷圆台漏水。

下部电极运行故障的判断：在上部电极运行正常，长度控制合理的前提下，当电煅炉出现如下情况时，可以初步判断下部电极出现异常：

（1）外炉壁下部四周温度差异增大，当外炉壁温度有超过350℃的部位时，下部电极偏斜的可能性增大。

（2）在电煅炉电压控制档位原料没有发生变化的情况下，电煅电流明显增大。

（3）水冷壁排水温度上升。

（4）排料圆盘上出现局部排红料。

（5）电煅料含有水分或排料口出现蒸汽。

下部电极运行故障的处理：下部电极出现故障后，应立即停炉处理。当不属于漏水故障时，可采取逐步降温、排料措施，以避免炉体急冷急热。当属于水冷圆台漏水故障时，根据水冷圆台漏水部位来做如下处理：

（1）水冷圆台下部漏水时，降低冷却水供给量，以减少漏水量。

（2）水冷圆台上部漏水时，可能立即发生喷炉事故，此时应快速切断高压电源，人员立即撤离到安全区域，并通知上级变电所停止煅烧整流变供电。在安全条件许可的情况下，应逐渐减少水冷圆台供水量，避免事故扩大。电煅炉下部电极故障是应该尽量避免的，特别是漏水故障尤其要杜绝发生。

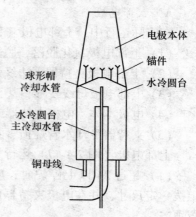

图 2-1-18　下部电极组成

 思考题

2-1-1　炭素原料的煅烧的目的是什么？

2-1-2　炭素原料煅烧炉有哪些主要类型，有何具体应用？

2-1-3　对回转窑如何进行分类？试说明长短窑的意义。

2-1-4　回转窑有什么用途？试举例说明。

2-1-5　回转窑的主要结构组件有哪些？

2-1-6　回转窑有哪些结构参数和工作参数？它们与其用途的关系如何？

2-1-7　简述回转窑的填充系数、转速、物料的轴向速度和停留时间对生产能力的影响。

2-1-8　回转窑内物料的运动原理是什么？

2-1-9　回转窑内物料轴向速度呈什么规律？

2-1-10　回转窑的优缺点是什么？

2-1-11　回转窑运行过程中内衬的温度变化规律如何？

2-1-12　按烟气与物料流动的方向可将罐式煅烧炉分为哪几种？

2-1-13　罐式煅烧炉的热传递是怎样进行的？炭材料的烧损如何？

2-1-14　电煅炉有哪些类型和特点？

2-1-15　电煅炉的主要结构和原理是什么？

2-1-16　电煅炉的故障主要集中在哪些方面？

2　炭素制品焙烧炉

将成型后的生制品在焙烧炉内的保护介质（填充料）中隔绝空气，按一定的升温速度进行高热温处理，使生制品中黏结剂——煤沥青炭化的热处理工艺过程。焙烧的实质是挥发分的热解、缩聚，沥青转变为沥青焦炭的过程。

从焙烧的概念中可以看出，焙烧的目的有：（1）黏结剂中的组分形成焦炭；（2）排出挥发物；（3）保证焙烧产品结构均匀；（4）使焙烧产品电阻率、体积密度、真密度、导热系数、热膨胀系数等指标符合预期要求。从产品角度看，焙烧过程主要是实现上述四个目的。但从环保和节能角度看，在达到上述目的的同时，还应使焙烧过程产生的挥发分得到充分燃烧，减少其他能源消耗和污染物排放。

炭素制品种类繁多，其中铝用炭素材料在炭素材料生产中占有重要的地位，其产量占炭素材料总产量的70%以上。

炭素制品焙烧过程基本一致，都是将生制品装在炉室中，通过加热使生制品发生一系列物理、化学变化，得到所需要的形状和理化指标的过程。

铝用阴极焙烧坯理化指标见表2-2-1，铝用炭阳极理化指标见表2-2-2。

表2-2-1　铝用阴极焙烧坯理化指标（YS/T 287—2005、YS/T 623—2007）

型号	灰分 /%	电阻率 /μΩ·m	杨氏模量 /MPa	钠膨胀率 /%	耐压强度 /MPa	体积密度 /g·cm⁻³	真密度 /g·cm⁻³
	不大于				不小于		
BSL-1	7	40	10	0.7	32	1.56	1.90
BSL-2	8	43	10	1.0	30	1.54	1.88
GS-3	5	33	7.0	0.8	24	1.56	1.94
GS-5	4	29	7.0	0.7	24	1.57	1.98
GS-10	2	21	6.5	0.5	25	1.59	2.08

表2-2-2　铝用炭阳极理化指标（YS/T 285—2007）

型号	灰分 /%	电阻率 /μΩ·m	热膨胀率 /10⁻⁴K	CO₂反应率 /mg·(cm²·h)⁻¹	耐压强度 /MPa	表观密度 /g·cm⁻³	真密度 /g·cm⁻³
	不大于				不小于		
TY-1	0.5	55	5.0	80	32	1.53	2.04
TY-2	0.8	60	6.0	40	30	1.50	2.00

焙烧曲线制定有很多方法，如制品规格种类、焙烧炉炉型结构等，但最主要的是根据制品在焙烧过程中各温度阶段的不同物理化学变化制定曲线。以焙烧过程中的炉室或火道的气氛温度为依据，可将炭素焙烧过程分为四个阶段：

（1）低温预热阶段。制品从室温升到 200℃（火道温度 350~450℃），制品内部黏结剂软化，但还没有明显的化学变化，挥发分排出不多，主要是排出吸附水，对制品起预热作用。由于这个阶段正是黏结剂产生剧烈迁移过程的时候，故这个阶段的升温速度要快些，一般为 5~15℃/h。

（2）变化剧烈的中温阶段。产品温度为 200~700℃。大量排出挥发分，同时黏结剂逐渐焦化，为了提高沥青的结焦率，改善制品的各种理化性能，所以这个阶段必须严格控制升温速度，尤其是在 250~550℃，升温速度一定要慢，应均匀缓慢地升温。否则，升温过快，会造成挥发分急剧排出，使制品产生裂纹，同时制品结构疏松，孔度增加，体积密度下降，沥青的析焦率大幅下降，电阻率升高。

（3）高温烧结阶段。焙烧制品温度达到 700℃以上，黏结剂的焦化过程基本完成。为了使焦化程度更加完善，进一步提高各项理化指标，因此产品的温度还要继续升温到 1050~1080℃。这个阶段升温速度可适当加快一些，不致影响产品的质量，并在达到最高温度后保温 20~32 h。

（4）冷却阶段。冷却降温速度控制在 20℃/h 为宜。在 1080~800℃是自然冷却，800℃以后是强制冷却，一般到 350℃以下，制品可以开始出炉。

焙烧炉的种类、形式较多，分类方法也较多。下面依据炉子的结构与操作特点予以分类，并着重介绍目前普遍使用的几种炉型：连续生产的焙烧炉型——多室（环式）连续焙烧炉、隧道窑等；间歇生产的焙烧炉型——倒焰窑。

多室焙烧炉属于连续作业炉。其优点是焙烧制品质量较好，热效率比倒焰窑高；装出炉可以用机械化代替一部分人工作业；焙烧升温控制调节方便；从整炉来看，生产是连续的，产量高。其缺点是基建投资大，厂房结构要求高。

隧道窑也能实现连续操作，机械化自动化程度高，适宜电碳、炭棒等小尺寸产品。

倒焰窑属于间歇生产型炉，其生产效率低，劳动强度大，适宜特异制品、高纯制品。

2.1　倒　焰　窑

2.1.1　概述

倒焰窑是一种间歇式的窑炉，其名称是由火焰流动而得。燃烧所产生的火焰都从燃烧室的喷火口上行至窑顶，由于窑顶是密封的，火焰不能继续上行，在"走投无路"的情况下，就被烟囱的抽力拉向下行，经过匣钵柱的间隙，自窑底吸火孔进入支烟道、主烟道，最后由烟囱排出。因为热气体重度轻，总是浮在上面，所以人们习惯把火焰从下到上称为"顺"，而把由上向下流动的火焰称为"倒"，这就是"倒焰窑"称呼的由来。

按倒焰窑窑形结构分，倒焰窑有圆窑和矩形窑（方窑）之分；按用途分，倒焰窑有炭素倒焰窑和陶瓷耐火材料倒焰窑之分。圆形窑主要用于陶瓷焙烧，方形窑主要用于炭素焙烧，它类似于多室焙烧炉的每个炉室。鉴于倒焰窑存在环保和节能缺陷，本教材只对炭素倒焰窑作简要介绍。

2.1.2　结构

下面以燃煤倒焰窑为例介绍其结构。从图 2-2-1 所示的倒焰窑的结构可以清楚地了解到各部分在倒焰窑整体中的位置。炭素倒焰窑构造简单，一般由燃烧室、挡火墙、窑顶、料箱、窑底、烟道和烟囱等构成。窑的长与宽之比在 1.0～2.5 左右，但宽度视火焰长短而定，烧烟煤时，一个火箱能控制的距离为 3m 左右，烧煤气时约 2m，所以最大宽度为 4～5m，窑长达 5～10m。

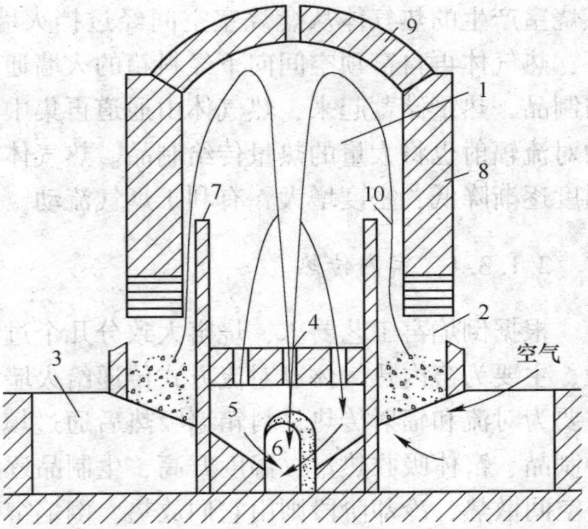

倒焰窑各部分的作用：

（1）窑室。又称为料箱。窑室用来装炭素生制品，且窑室墙上的格子砖孔又是热烟气流通通道。烟气在经过格子砖孔时加热了窑室和制品。料箱内可根据产品尺寸分隔出多个小料箱，并分别设置火孔。

（2）燃烧室。主要是为燃料提供燃

图 2-2-1 倒焰窑的结构示意图
1—窑室；2—燃烧室；3—灰坑；4—窑底吸火孔；
5—支烟道；6—主烟道；7—挡火墙；8—窑墙；
9—窑顶；10—喷火口

烧空间，燃烧室的结构是倒焰窑热效率的决定因素之一。燃烧倒焰窑中的方窑是加煤口比较少（一般为 2～4 个）的小型倒焰窑，其内部由弧形拱顶筑砌而成，而圆窑的加煤口则大多在 6 个以上，其拱顶呈球冠形。

（3）灰坑。沉积燃烧室下来的煤灰，并作为燃烧空气的进口。

（4）窑底吸火孔。窑顶反射回的火焰和热烟气流的通道。

（5）支烟道、窑底。是流经料箱墙上格子砖孔的热烟气的汇集通道，且烟气在经过窑底空间时，进一步加热了料箱下部，起到减少上、下温差的作用，窑底与主烟道连通。倒焰窑的窑底与燃烧室炉栅差不多在同一水平面上，炉栅至窑顶的高度和窑顶至窑底的高度大约相等。

（6）主烟道。汇集窑中的热烟气，是窑底与烟囱的连通道。

（7）挡火墙。一方面是组成燃烧室和料箱的墙体，另一方面是使燃烧室的火焰改向，阻挡燃烧室来的火焰直接进入料箱，燃烧室的火焰顺着挡火墙流向窑顶空间，挡火墙的高低直接影响到窑内上、下温差。

（8）窑墙。窑墙应具有一定强度，散热小，当然在冷却阶段，它又是一个阻碍，因为积热又得散出。目前在炭素厂采用的倒焰窑的窑墙厚度为 0.4～0.6m。

（9）窑顶。用来密闭炉体和改变烟气流通方向。火焰顺着挡火墙流向窑顶后折向料箱火孔流到窑底。对窑顶的要求：严密不漏气，积热、散热小；结构合理，不得崩塌；质量轻；横向推力小，节约钢材。炭素工厂一般选用拱顶，拱越高，上、下温度越不均匀；拱越平，则横推力越大。

（10）烟囱。倒焰窑通过烟囱在窑内形成负压，为燃料燃烧提供空气，同时改变烟气方向。

2.1.3 工作原理

在焙烧过程中，炭素生制品和填充料组合成一体装放在火墙与火墙构成的料箱之间，燃烧室产生的热气体从燃烧室空间经过挡火墙喷出口进入窑顶下部，在烟囱抽力的引导下，热气体再自窑顶空间向下经料箱的火墙通道，并经过火墙把热量传给料箱中的填充料与制品，热量储蓄起来，热气体由通道再集中于支烟道传到主烟道流向烟囱。窑顶空间内的对流辐射也将大量的热量传给制品。热气体在将热量传递给火墙和制品的同时，其本身温度逐渐降低，密度增大，有利于烟气流动。

2.1.3.1　窑内传热

根据倒焰窑工艺要求，烧窑大致分几个过程：低温、焙烧、保温、后期冷却。低温阶段，主要为窑内热气体以对流方式传递给火墙、填充料；再传导半制品；焙烧与保温阶段主要为对流和辐射传热，料箱墙吸热后通过填充料传给生制品。在升温过程中，填充料、半制品、窑体吸收热量，温度升高，生制品逐渐焙烧完成，窑墙、窑顶一面蓄热，一面向外空间散热，冷却阶段则由它们放热。倒焰窑传热属于不稳定传热。

2.1.3.2　窑内气体流动

倒烟窑的窑底与炉栅差不多在同一水平面上，由炉栅至要定的高度和窑顶至窑底的高度大约相等，设为 $h_{窑}$。热气体在燃烧室的温度与在火道温度相差不多，其密度也变化不大，分别设为 $\rho_{烟}$ 和 $\rho'_{烟}$。

热气体（烟气）自喷火口喷出至窑顶，产生一个几何压头 $H_1 = h_{窑}$（$\rho_{空} - \rho_{烟}$），在窑顶表现为静压头，成为气体从窑顶到窑底的推动力。燃烧产物从窑顶到窑底产生一个几何压头 $H_2 = h_{窑}g$（$\rho_{空} - \rho'_{烟}$），成为阻力。两个几何压头的大小相差不多，方向相反，但由于燃烧产物上升时密度小于倒流时密度，所以几何压头 $H_1 > H_2$。燃烧产物上升时流速大于倒流时流速，动压头、料垛阻力和煤层阻力损耗的压头很小。自然通风的倒焰窑，由于燃烧产物由煤层上升至窑顶时几何压头转化为静压头，使窑顶静压转为正压，燃烧产物由窑顶倒流至窑底时，静压需克服流动时的阻力，静压逐渐转为零。因此倒焰窑的零压面一般在窑底平面。

2.1.4　生产操作与设计

2.1.4.1　倒焰窑的生产操作控制

A　倒焰窑的生产

在炭素生产中，倒焰窑常用煤作燃料，也可用煤气、天然气或重油，但操作上有较大差别。倒焰窑改用焦炉煤气可以大大改善劳动条件，若能预热空气，热效率可以提高。

在炭素倒焰窑内，火道口的总面积的大小与分布，对窑温度影响很大。若火道面积大，火焰很快流出，烟气温度高，热损失大，燃料消耗高，窑内温度不好控制；若火道面积小，阻力大，不利于热气体流动，易产生局部过烧。据有关推算，总面积约占窑底面积的 3.5%~7.0%，烟道的截面面积原则上比火道口总面积大，以利于烟气排出。

烟囱位置不能离窑太远，因为烟气路程长、温度低，降低了烟囱的抽力；离窑太近，则操作不方便，一般主烟道长 10m 左右较适宜。

由于炭素倒焰窑是间歇式操作，在每一次焙烧过程中，倒焰窑的墙体和窑顶要吸收大量的热量，并有不少热量向外部空间散失，离开火墙的烟气温度仍然比较高，烟气带走了约30%的热量。同时，倒焰窑窑门较多，一个窑常常有6道门，散失热量占的比例也很大，所以倒焰窑的热效率一般不高。因结构原因，炭素制品在炭素倒焰窑焙烧时间比敞开式环式焙烧炉和带盖环式焙烧炉长。

倒焰窑的升温制度（曲线）的制定以30t窑为例，装电极20~25t，另加填充料（炭粒、河沙或焦沙混合）。制定升温曲线的依据为：

(1) 200~300℃以前可以快升温。

(2) 400~800℃升温要非常缓慢，900℃以后的物理化学反应基本结束，可以快升温。

(3) 当窑顶温度达1250~1300℃时，要焖火操作直到窑底部温度也到顶部时方可达到焙烧要求。

在生产中要特别注意制品的氧化、开裂问题。在电碳生产中，也采用相似的倒焰窑，其中有个别工厂的倒焰窑，窑底是活动的，即整个窑底架在一个窑车上。除此之外，其他部分依然固定，窑内强制排风，窑车可以牵引出来，在窑体之外出装窑，劳动条间好些。焙烧曲线如下：室温约500℃，20h；500~800℃，120h；850~1200℃，70h。

B 倒焰窑的操作

炭素倒焰窑的操作分装窑、焙烧、冷却、出窑等主要过程。其最大优点是能随时变更焙烧的操作制度来适应不同规格的产品焙烧要求。倒焰窑与其他焙烧炉相比，投资较少，建造容易。以阴极炭块的焙烧为例，倒焰窑装出炉操作要求主要有以下几点。

a 装炉

装炉前要清理炉室修补裂缝。开始装制品时，将主火道（吸火墙）盖严，严防灰沙落入，炉底铺上一层黄版纸及20mm木屑（或稻草），再铺100~150mm的黄沙。作为填充料的黄沙水分不大于5%，上层盖顶黄沙水分不大于10%，通过5mm筛孔，将大于5mm颗粒除掉，要求炉底温度低于60℃，料箱温度低于50℃，装放产品时要严格控制间距，料箱与炉箱间不小于60~100mm，阴极炭块之间不小于40mm，阴极炭块与炉端保温墙间距不小于200mm，阴极炭块摆放应平整垂直炉底，接着将填充料加上，顶盖黄沙200~250mm。

b 烧火

对倒焰窑所使用的燃料特点要有一定认识，燃煤、煤气、重油差别较大，另外就是燃煤，不同产地的煤，也有差别，块度不同，其烧法也不同。

倒焰窑的烧火方法要根据炭素制品焙烧特点确定。炭素制品焙烧的一般规律是：200~300℃以前，可以快升温，但在400~800℃时，温升要很慢，考虑到窑内温差过大，要求焖火保温时间过长。900℃以后物理化学反应基本结束，可以快升温。对于同一制品，如果内外存在一个温度梯度，不同部位的制品处于不同的物理化学反应过程，制品收缩不均，产生内应力，这样造成制品开裂。因此在制品物理化学反应剧烈的阶段，降低升温速度，使制品温差缩小，而且有利于制品中的黏结剂析焦量的增加。

根据炭素制品焙烧的上述特点，对燃煤倒焰窑来说，在点火后要加大煤量，闸门也开大，尽快地升温。但这时，窑顶和窑底温差大，同时又结合制品的物理化学反应，窑顶温度应在300℃左右，缩小窑内温差，这样在300~400℃以后，升温慢些，这时，加煤量较少，闸门要开着，温度不高的气体大量流入，窑顶温度不会再升了，处于较低温度的窑底部位，热气体仍然有热量传给火道再传给料箱内制品，使温度上升，达到上、下温度均匀，如此连续操作，剧烈的物化反应也能完成，使产品质量有保障。在 800～900℃ 以后，当煤块大时，阻力小，煤层可以加厚，加煤次数可以少，炉门开启次数少，不易漏入冷空气，有利于提高温度。若煤细，煤层不能太厚，约 250mm，在这样的情况下，就必须勤添煤、快添煤，煤要撒得均匀，炉门不得开得太久，避免漏入太多冷空气不利于升温。燃煤中结有大焦块，全清出，否则空气从此漏入，不利于燃烧。煤细，煤层厚，可以机械鼓风，也有利于于焙烧升温。具体操作时，先插好热电偶，按升温曲线升温，温度波动范围：小火阶段 ±20℃，在 1h 内调整正常，出油阶段（大量挥发物反应剧烈时）温度波动范围 ±10℃，0.5h 内调整正常。烧火时，炉子四角的燃烧室温要稍高，远离烟囱一方的燃烧，应多检查燃烧情况，撬火动作要快，不使温度波动大，严格控制烟道闸门。没有达到停火温度，不得停火，炉温也不应过高，否则易损坏炉体，最高温度约 1270℃，清灰要及时。

　　c　出炉

　　停火后，不能立即开炉门冷却，应让它自然冷却，阴极炭块要冷却 150h 以上，电极冷却 100h 以上，冷压制品冷却 240h 以上。冷却后开始出炉，当发现红料时，应停止出炉，延长带保温料冷却时间，以防氧化。出炉时应轻取、轻放，小心碰坏或打断产品，损坏炉墙。出炉产品应间隔一定距离堆放，堆垛高不大于 2.0m。炉内填充料清好放好，以备下次再用，空窑应冷炉 1～2 天。

　　火墙、支烟道的分布以及主烟道的排气方向都会影响室内水平截面温度的均匀性。为此，必须使窑中吸火墙的阻力显著地大于排气装置的其余部分的阻力，即相对地增加支烟道及主烟道的截面面积。由于炭素的工作倒焰窑吸火墙在窑内分布，其不均匀性是很明显的。一般的倒焰窑吸火墙及支烟道阻力约 25Pa，烟道阻力小于 5Pa。在 600～900℃ 以前，窑的总阻力为 40～50Pa 高温阶段，烟道闸门下降时，总阻力为 100～120Pa，故当烟囱在 20m 高时造成的负压是足够的。

　　当一个窑使用一个烟囱时，在低温阶段，要在烟囱底部临时火箱烧火，使烟囱产生抽力。为了保持烟囱的吸力，烟囱应该是热的，因此，最好是两个窑共用一个烟囱，一个窑焙烧完毕，另一个窑点火，也不宜过多的窑共用一个烟囱，以便于控制。

　　热气体由火箱进入窑内的速度为 1.0～0.3m/s，在（吸）火墙、烟道等为 1.0～3.5m/s。

　　在生产过程中，要特别注意制品的氧化、开裂。

　　对于倒焰窑，一般设计定型，30t 的窑，装电极达 20～25t，另加填充料，填充料用炭粒、河沙或焦沙混合料。燃煤倒焰窑煤耗为 0.7～1.0t/t 制品。

2.1.4.2　倒焰窑的设计

　　目前倒焰窑已经基本定型，不做全面设计，这里只作简单介绍。

　　容积设计原则为产量大、燃料消耗低、温度均匀。倒焰窑具体设计步骤包括：（1）求炉子容积；（2）燃料燃烧计算；（3）计算各焙烧阶段窑墙、窑顶散热；（4）热平衡计算，求出燃料消耗。该部分内容将在多室（环式）焙烧窑中再详细介绍。这里仅介绍一下设计方法和原则。

A　窑的容积设计和原则

要求产量大，燃料消耗低，温度均匀。大窑单位容积所占有窑的墙质量及墙外表面积比小窑低，故热耗小，但是，大窑温度均匀性差，为了使窑温均匀，必须延长焙烧时间，这样反使燃料消耗增加。目前比较多的选用30、40、50t的窑。

B　窑高

炭素制品在窑内多是立装或小制品堆码不能过高，并考虑封窑的高度方向温度不均匀分布，窑的高度以3~5m为宜。

窑长与宽之比为1.0~2.5，但宽度视火焰长短而定，烧烟煤时，一个火箱能控制的距离为3m左右。烧煤气时约2m，所以最大宽度为4~5m，窑长为5~10m。

C　窑墙厚度

在炭素厂采用的倒焰窑，目前墙厚为0.4~0.6m，窑墙应具有一定强度，散热小，当然在冷却阶段，它又是一个阻碍，因为积热又得散出。

D　对窑顶的要求

(1) 严密不漏气，积热、散热小。

(2) 结构合理，不得崩塌。

(3) 质量轻。

(4) 横向推力小，节约钢材。炭素工厂一般选用拱顶。拱顶愈高，上、下温度愈不均匀；拱愈平，则横推力愈大。

E　火墙、支烟道、主烟道

火墙、支烟道的分布以及主烟道的排气方向都会影响室内水平截面温度的均匀性。为此，必须使窑（吸）火墙的阻力显著地大于排气装置的其余部分的阻力，即相对地增加支烟道及主烟道的截面面积。由于炭素的工作倒焰窑（吸）火墙在窑内分布，其不均匀性是很明显的。

一般的倒焰窑（吸）火墙及支烟道阻力约2.5mmH₂O，烟道阻力小于0.5mmH₂O。在600~900℃以前，窑的总阻力约4~5mmH₂O。高温阶段，烟道闸门下降时，总阻力为10~12mmH₂O，故当烟囱在20m高时造成的负压是足够的。

当一个窑使用一个烟囱时，在低温阶段，要在烟囱底部临时火箱烧火，使烟囱产生抽力。为了保持烟囱的抽力。烟囱应该是热的，因此，最好是两个窑共用一个烟囱，这个窑焙烧完毕，另一个窑点火，也不宜过多的窑共用一个烟囱，以便于控制。

热气体由火箱进入窑内的速度为1.0~0.3m/s(标)，在（吸）火墙、烟道等为1.0~3.5m/s(标)。

倒焰窑的炉栅、（吸）火墙、主烟道、烟囱等的面积与窑底面积及窑容积的关系如表2-2-3所示。

表 2-2-3　倒焰窑的数据

窑的容积 /m³	每1000m³容积所具有的面积			炉栅面积占底面积的比例 /%	吸火墙（孔）面积占窑底面积的比例/%	备注
	火道面积 A_1	支烟道面积A_2比A_1增大	总烟道A_3比A_1增大			
大于100	4~7	0.4~0.5	0.4~0.6	15~25	1.6~7	烟道主烟道
小于100	10~15	1.0~1.5	1.5~2.0	25~35	2.5~5	面积≈1.0

2.1.5　倒焰窑的特点

2.1.5.1　炭素倒焰窑的主要缺陷

为使窑内上、下温差减小，要提高经过炉底的烟气温度，所以逸散的烟气温度较高而带走大量的热量；间歇式操作方式使窑体蓄热，造成热量损失也较多，因此使窑的热效率较低；窑内的加热情况和火焰的气氛情况变动无常，内部温度难以控制和调节，容易产生废品；由于装窑、出窑等操作均在窑内进行，因而劳动强度大，生产率低，操作条件较为恶劣。特别是燃煤型倒焰窑普遍存在着污染严重、质量稳定达标性能差、能耗高、成品率低的缺点，属于国家明令淘汰的窑型。

2.1.5.2　影响炭素倒焰窑焙烧升温的因素

影响炭素倒焰窑焙烧升温的因素很多，倒焰窑焙烧操作中温度升不上来，对于燃煤倒焰窑，可能有以下一些原因：

(1) 烟道闸板下得太低，抽力不足，通风不良。

(2) 烟道闸板忽然升高太多，使冷空气骤然大量进入窑内，也可能影响一段时间的升温，甚至突然降温。

(3) 煤层过厚、结渣严重、不疏松，使火箱通风不良，影响升温。

(4) 煤层薄，大量进入冷空气，加煤量不足、火箱发热量不够，也影响升温。

(5) 窑门封闭不合理，散热太多。

(6) 煤质低劣，发热量不足。

(7) 烟道积水或天气不正常，气压降低，影响抽力，从而影响升温。

(8) 排烟孔或烟道堵塞。

(9) 可能因测温仪表失灵而造成不升温的假象。

2.2　多室连续焙烧炉

2.2.1　概述

多室焙烧炉，又称环式焙烧炉，是一种由若干个炉室首尾相连组合成的环形炉。其特点是装制品的炉室是固定的，而对炉子供热的火焰系统是周期性移动的。随着火焰系统的移动，炉室及其中的制品逐渐完成从低温到高温然后冷却的整个焙烧过程。每个炉室为周期性的循环作业，整个焙烧炉则为连续作业。环式焙烧炉由于连续生产，产能大，能耗低，产品质量稳定，热效率比倒焰窑高，焙烧升温控制调节方便，因而获得了广泛的应用；配备的多功能天车可以使装出炉实现机械化作业；完善的净化系统不会对环境造成污染。它的缺点是基建投资大、厂房结构要求高；每个炉室作业也是间歇操作，劳动条件较差，机械化程度不高，不适合小厂选用。环式焙烧炉是目前世界上应用最普遍的炭素焙烧炉。

多室焙烧炉由于结构上的改变，目前出现了不少炉子形式：有活动炉盖与无炉盖

（敞开式）之分；有火井及无火井之分；有地面与地下焙烧炉之分；还有水平移动炉盖的焙烧炉。

铝用炭素材料生产企业常用多室焙烧炉焙烧预焙阳极、阴极炭块等材料。预焙阳极是以石油焦、沥青焦为骨料，煤沥青为黏结剂制造而成，用作预焙铝电解槽的阳极材料。因炭块已经过焙烧，具有稳定的几何形状，所以也称预焙阳极炭块，习惯上又称铝电解用炭阳极。用预焙阳极炭块作阳极的铝电解槽，称预焙阳极电解槽，简称预焙槽，是一种现代化的大型铝电解槽。阴极炭块砌筑在电解槽底部，铝电解生产要求阴极炭块有耐高温、耐熔盐侵蚀和导电、导热性能良好及机械强度高、抗热震性好和抗钠侵蚀性强等特性。

本章主要介绍几个典型的多室焙烧炉炉型。

2.2.2　带盖环式焙烧炉

2.2.2.1　概述

我国大型铝用炭素生产企业常采用带盖环式焙烧炉（包括有火井与无火井，地上与地下等）进行铝用阴极材料的焙烧作业。带盖环式焙烧炉适用于铝用炭素制品的一次、二次焙烧。用带盖环式焙烧炉焙烧铝用阴阳极生炭块，具有升温控制方便、热效率较高、焙烧产品的质量均匀性好、生产连续、产量较大的特点，但同时存在基建投资大、装出炉操作条件较差、产量和热效率不如敞开式环式焙烧炉高的缺点。

2.2.2.2　结构

带盖环式焙烧炉的结构较为复杂，炉体大墙内分布有火道、烟道、料箱和炉盖，由多种异形的、不同材质的耐火砖砌筑，使其满足焙烧生产需要。带盖环式焙烧炉由多个连通在一起的炉室组成，炉室数为16~48个。

带盖环式焙烧炉有两种，一种是有火井，一种是无火井。用于铝用阴极炭素焙烧生产的多为有火井。炉子的全部高度置于地面以下或地面上，在深达5m左右浇混凝土基底板，板厚400mm。基础应坐落于坚固地面上，遇有不良土质应考虑特殊措施，以便将荷载传递给十分可靠的土质上。炉子基底应高于地下水位。基砖底板的尺寸要与炉体的平面尺寸相适应。有火井带盖环式焙烧炉主要由焙烧室、火井、炉盖、烟道、燃料供给系统、烟气净化系统组成。

　A　焙烧室

焙烧室即环式炉内的炉室，每个炉室分成6个料箱，也有分成4个、8个料箱的，视各个厂主体产品大小而定。料箱由立式隔墙即格子砖砌筑而成。格子砖的形式如图2-2-2所示。格子砖宽度为200mm，有单孔、双孔等，砌筑时孔要对齐形成立火道。

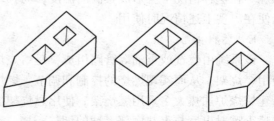

图2-2-2　格子砖（空心砖）

生产时料箱内装入生制品和填充料，料箱墙用格子砖砌筑，热气流在流经格子砖时对填充料和生制品进行加热，料箱是焙烧炉的主要受热体。

B　火井

它是热气流的燃料的燃烧区间，通过炉盖火孔上安装的烧嘴向火井内喷入燃料，燃料与预热空气在火井内燃烧，产生的热气流在炉盖下被烟气净化风机引入焙烧室的格子砖孔。无火井炉没有火井，燃料是在炉盖下面的空间燃烧，而以中间隔墙内的上升火道来替代火井的通道作用。

C　炉盖

它与炉室形成一个密闭的空间，热气流在炉盖下改向和均衡，并防止加热过程中的散热。炉盖布置有火孔、测温孔、测负压孔、观察孔。

D　烟道

带盖环式焙烧炉的烟道分为炉室烟道和汇集烟道。炉室烟道与焙烧室内的炉底连通（在炉室烟道和汇集烟道的砌体之间加设钢板，以防止砌体之间漏风）。通过连通罩，处于系统加热末端的 1~2 个炉室的炉室烟道与汇集烟道连接，已充分利用其热量的烟气经过连通罩引入汇集烟道。汇集烟道位于焙烧炉的两侧，汇总焙烧炉加热系统排出的废气，最终由烟囱排出。其余炉室烟道用盖板密封。炉室烟道和汇集烟道结构示意图见图 2-2-3。

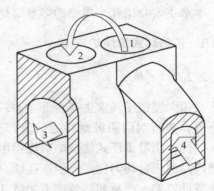

图 2-2-3　炉室烟道和汇集烟道结构示意图
1—炉室烟道出口；2—汇集烟道进口；
3—汇集烟道出口；4—炉室斜坡烟道进口

炉内排出的烟气经汇集烟道到总烟道由烟囱排出。焙烧炉内的阻力是很大的，要有足够的抽力才能促使烟气排入大气中，单靠烟囱的自然抽力是不够的，因此在烟囱前装设了排烟机。若因故不能使用排烟机时，可以使用特别砌筑的旁路烟道。烟气由于烟囱自然抽力而排至空中。

焙烧电极制品时，逸出的挥发分不能全部在炉中烧掉，大约有 16% 的挥发分随烟气排出。随着烟气的逐渐冷却，一部分挥发分冷凝下来，呈焦油和沥青沉积在整个烟道内。结果使烟道截面面积逐渐缩小，从而恶化了炉内的抽力条件。因此必须定时清理烟道。为减轻烟道的清理工作，烟道宜砌成朝烟囱方向的斜坡。在烟道斜坡段的低点设有地坑，使焦油自动汇集到此，以便清除。在实际生产中，有时要烧烟道，有时烟道内的焦油会自发燃烧。在这种情况下会形成很高的温度，易损坏排烟机。为避免上述情况，设有侧烟道，以便在出现上述情况时使用。

E　燃料供给系统

该系统由燃气或重油等管路组成，是焙烧炉的热量来源。燃烧装置采用砌筑喷火嘴或使用燃烧架，从而实现燃烧的控制和调节。燃烧架是用来给炉室加热的可移动装置，目前新建焙烧炉加热大多采用燃烧架。使用燃烧架的燃烧方式也称顶喷式燃烧，其特点是燃料从喷火嘴射出后与火井底部上冲的烟气相撞，得到均匀混合，燃烧空间扩大，燃烧充分，产生的热量在炉室内得到均匀扩散，既可减轻对火井热冲击造成的损坏，又可缩小炉室的水平温差。燃烧架向焙烧炉提供燃料示意图如图 2-2-4 所示。

F　烟气净化系统

不同处理方法的烟气净化系统包括的设备也不同。对普遍使用的电捕法而言，烟气净化系统包括污水处理子系统、喷淋冷却塔、电捕焦油器、风机和烟囱。烟气净化系统主要是为焙烧炉提供负压，处理焙烧沥青烟气，排出已充分利用和净化处理的废气。

典型带盖环式焙烧炉炉室结构如图2-2-5所示。

炉室数量多的焙烧炉，可用两个甚至三个火焰系统工作。每个炉室一般有4~8个尺寸完全相同的独立料箱和3~4个火井，料箱深度一般为3800~4300mm，宽度一般为700~800mm，长度一般为1500~4000mm。每个料箱周围都由格子砖分隔开，格子砖组成料箱墙体，且格子砖中180~220mm的方孔又是加热气流的通道。每台带盖环式焙烧炉分两列布置，每个炉室两侧砌筑有斜坡烟道。火井、炉盖下空间、格子砖孔、炉底烟道和斜坡烟道组成带盖环式焙烧炉烟气流通通道，斜坡烟道通过废气连通罩与炉室两侧的主环形侧部烟道连通。

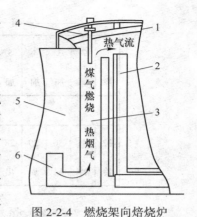

图 2-2-4 燃烧架向焙烧炉
提供燃料示意图
1—炉盖；2—料箱格子砖；3—火井；
4—煤气喷管；5—炉墙；6—内部烟道

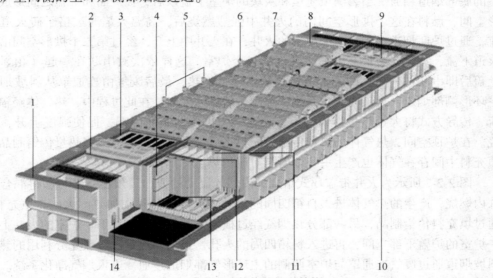

图 2-2-5 带盖环式焙烧炉炉室结构
1—炉壳；2—隔墙；3—侧墙；4—产品；5—燃烧架；6—风冷架；7—辅助燃烧架；8—烟气连通罩；
9—冷却架；10—环形烟道；11—火道墙；12—火井；13—炉底；14—端烟道

参与生产的10~12个炉室都盖上由铸钢和轻质耐火材料组成的炉盖，炉盖布置有火孔、测温孔、测负压孔、观察孔。使用整浇炉盖可以延长炉盖的使用寿命，节约炉盖的维修费用，提高设备的利用率和减轻工人的劳动强度。炉盖在生产中按一定周期用天车移动。

图2-2-6为某炭素厂32室带盖环式焙烧炉循环图。该炉分两个火焰系统，每个系统有16个炉室，其中加热炉室8个，带盖冷却炉室3个，启盖冷却炉室2个，出炉、修炉、装炉炉室各1个，每个系统各炉室依图中箭头所示方向进行循环作业。

2.2.2.3 工作原理

炉室内料箱用来装生炭块和填充料，它的四壁都由空心的异形耐火砖（空心格子砖）

图 2-2-6　某厂 32 室带盖环式焙烧炉循环示意图

砌成。在同一炉室中，格子的空心形成的垂直火道与炉底烟道连通，炉底烟道又与该炉室的斜坡烟道相通，而火井开口于炉面，其底部与本炉室的炉底烟道是隔开的，而与前一炉室的底部烟道相通。当装满填充焦和炭块的炉室上盖以后，在炉面和炉盖之间形成一个拱形空间，燃料在这个拱形空间内的火井中强烈燃烧后，高温火焰通过格子砖火道垂直下流，通过炉底烟道进入下一个炉室的火井，在火井中上升，经过第二个拱形空间沿格子砖火道下流，从第二个炉室出来又进入第三个炉室。这样依次对串联在一起（相邻的炉室上盖后即串联在一起）的若干个焙烧炉室进行加热，最后废气由连通罩从斜坡烟道引入主环形侧部烟道，再流向收尘系统，经净化后排入大气。在此过程中，热气体经辐射、对流、传导方式将大量热量传给火道、填充料，再传给制品内部，促使强度上升，完成焙烧。在炉顶空间，热气体的热量传给填充料之后，主要以传导方式将热量传给制品，当然填充料中间存在气体也产生一些辐射与对流传热。

　　图 2-2-7 所示为火井带盖环式焙烧炉内烟气流动的方向。预热空气与燃料混合后在火井内燃烧，产生的热气体进入料箱四周的火孔，一部分热量在加热耐火砖、填充料之后，通过填充料传给制品，另一部分热烟气经过横墙下的连通烟道从下一炉室的火井上升到下一炉室的炉盖下部空间，再进入料箱四周的火孔。最后，热量已经被充分利用的热烟气经斜坡烟道通过废气连通罩与炉室两侧的主环形侧部烟道连通，进入烟气净化系统。

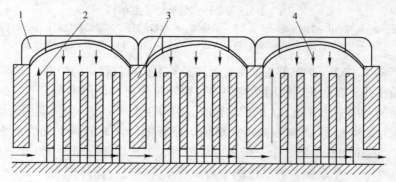

图 2-2-7　有火井带盖环式焙烧炉内烟气流动方向

1—炉盖；2—火井（热气流上升）；3—横墙（热气流连通）；4—炉盖反射气流

　　焙烧炉燃烧支架的移动周期等于一个炉室的焙烧总小时数（含控制降温小时数）除以一个系统内参加焙烧的炉室数。炉盖的移动周期与燃烧支架的移动周期基本一致。

　　按焙烧规律，当炭块焙烧温度达到250～500℃时，黏结剂的分解和缩聚反应同时进行。由于炭素黏结剂在焙烧过程中分解产生的挥发分不断地通过制品内部和填充料间隙，制品内外层和填充料内外层之间都存在着一定的挥发分浓度梯度。如果挥发分浓度低，则分解气体从制品中向外扩散的速度加快，促进了黏结剂热分解反应的进行，使黏结剂的析焦量减少；反之，如果装炉时在带盖环式焙烧炉的料箱上增加一层耐火砖、维持炉内合理的负压水平，使分解气体排出速度减慢，则有利于提高黏结剂结焦量。如果炉内有微正压，反应将向缩聚方向移动，同时还可减少分解产物的浓度梯度，使第一次反应产物在炉内延长停留时间，有利于参与缩聚反应，既可提高析焦量，又有利于中间相小球体的生成。

　　多室环式焙烧炉分三个带：预热带、焙烧带和冷却带。一个循环周期长达4～6个星期，每个炉室部依次经过烟气预热、焙烧和最后用助燃空气慢冷却阶段。

2.2.2.4　带盖无火井多室焙烧炉

　　对于不带火井的焙烧炉，结构上有些不同之处，从图2-2-8可看出，炉室内没有火井，炉室外形尺寸没有变，料箱的容积扩大了。目前国内外大型工厂，有火井和无火井两种形式都在使用。

　　对于无火井炉，中间隔墙位于相邻两个炉室之间，内连两个炉室的烟道，从前一个炉室底流来的烟气，是通过中间隔墙中的上升火道直接到达炉室上部。当烟气不需引入下一个炉室时，还可以通过中间隔墙中的斜坡烟道与侧部烟道接通。

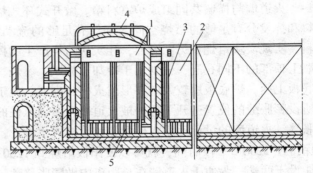

图2-2-8　带炉盖的无火井环式焙烧炉
1—焙烧室；2—装料箱；3—装料箱加热墙；
4—炉盖；5—炉底坑面

2.2.3　敞开环式焙烧炉

2.2.3.1　概述

　　我国的敞开式环式焙烧炉是在20世纪80年代初引进的国外技术的基础上逐步发展起来的。现在敞开式环式焙烧炉已经成为铝用阳极生产的主导炉型，焙烧炉室数有36～68个。它的结构外形与带盖炉相似，主要差别在于无盖，内在结构表现为火焰系统的走法不同。按装炉方式，敞开环式焙烧炉又有立装和卧装之分。目前，新建或改建阳极焙烧炉一般都采用敞开式立装焙烧炉。由于敞开式环式焙烧炉具有升温控制方便、热效率高、生产连续、产量大、基建投资相对较小的特点（用于生产阴极时，大多采用多功能天车），故其被部分的铝用阴极炭块生产厂家所采用。

2.2.3.2　结构

敞开式环式焙烧炉一般由混凝土炉壳、炉底及侧墙、火道墙和横墙、料箱连通烟道、排烟道、燃料供给系统、烟气净化系统组成。敞开式环式焙烧炉各组成部分的主要作用是：用于支撑和固定整个炉体。

A　混凝土炉壳

混凝土炉壳通常设在 0m 层以上，底部连续排列着混凝土浇筑的槽形板，以减少炉底散热和地下水影响（在我国西北地区混凝土炉壳通常在地面以下）。炉底采用多层保温材料砌筑，每层砖缝和膨胀缝互相错开，在炉底内壁至外壁之间形成曲折的膨胀缝路线，保持砌体的气密性，有利于保护混凝土炉壳。

B　炉底及侧墙

焙烧炉侧墙的竖缝和卧缝均控制在 2~3mm，每面炉室的侧墙上留 3~4 条膨胀缝。这些膨胀缝呈同样的平面形状，并在高度方向上每 10 层平移一下，侧墙上膨胀缝排列规整、均匀。侧墙上还分布了与混凝土炉壳相连接的拉砖。

C　火道墙和横墙

火道墙与横墙共同组成炉室料箱。敞开式环式焙烧炉火道墙结构特殊，一方面，使燃料和挥发分有足够的燃烧空间，烟气有足够的流动空间，并能将热量很好地传导给填充料，实现炭块焙烧；另一方面，让炭块焙烧产生的挥发分能进入火道墙内参与燃烧。火道墙上顶部的不同孔洞，分别用于冷却、鼓风、燃烧、测温。焙烧炉火道墙、横墙设置于炉底板上面，炉底板用较大的方形耐火板砖砌成，便于火道墙横墙做膨胀移动，同时炉底板所设膨胀缝的位置避开了那些被火道墙、横墙压住的部位，免得靠近火道墙、横墙上的膨胀缝。火道墙的设计运用水模型和计算机优化设计，其温度分布均匀，火道最高加热温度保持在 1200℃ 一段时间，就可以使阳极焙烧到 1200±20℃。火道墙有 5m 多长，膨胀缝只能设于两端，为便于火道墙在长距离内做膨胀移动，在火道墙底部铺了铝钒土垫层。横墙上每段料箱处都留一道膨胀缝，横墙做膨胀移动时不至于影响到火道墙的稳定性。火道墙上每一块砖留 2~3mm 的竖缝，这些竖缝为空缝，沥青挥发分逸出后完全进入火道墙内燃烧。各炉室火道在横墙处连通，烟气通过横墙上的连通孔在排烟架汇集。

火道墙和横墙的顶部用厚 400mm 左右的预制块砌筑，用厚预制块筑顶，其炉面表面温度降低，便于工人炉面操作。

D　料箱

由火道墙和横墙组成，每组炉室有 4~9 个料箱，装入产品和填充料。

E　连通烟道

焙烧炉两端的连通烟道分离于炉壳之外，用金属制作外壳，内衬轻质耐火砖，烟道内截面达 1.5~2m²。金属外壳保证了连通烟道接口和烟道的形状，烟道断面呈圆形，减小了气流局部阻力损失系数，同时轻质砖内衬又降低了烟道蓄热，减小了烟气流动过程的温降，这对预焙烧炉室得到均匀加热具有重要的意义。

F　排烟道

排烟道可以设计成一个 U 形钢烟道，里面不衬砖，当中均匀设置了金属膨胀节。有的敞开式环式焙烧炉的排烟道设计成地下式，由耐火砖砌筑，外加混凝土保护，排烟道内设置有焦油沉积井。典型炉室结构如图 2-2-9 所示。

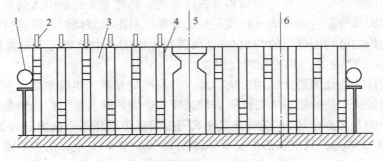

图 2-2-9　敞开式环式焙烧炉炉室结构示意图

1—烟道；2—燃烧器；3—料箱；4—火井；5—炉体中心线；6—料箱中心线

G　燃料供给系统

由煤气或重油等管路组成，是焙烧炉的热量来源。

H　烟气净化系统

与带盖环式焙烧炉烟气净化系统作用相同。

2.2.3.3　工作原理

敞开式环式焙烧炉的火道墙与横墙共同组成炉室料箱，每个炉室共有 4~9 个料箱，通过火道墙上顶部的不同的火孔喷入燃料，燃料和预热空气混合后在火道墙内燃烧，料箱内的生炭块和填充料受两边的火道加热而升温。生炭块中的挥发分受热后从炭块内排出，在负压的作用下，经过四周的填充料和火道墙上竖缝进入火道墙内参与燃烧。升温过程通过测温系统的反馈信号来控制，使其符合设定的焙烧曲线要求。

带燃烧架的炉室的高温火道的烟气在负压的作用下经过横墙进入下一炉室的火道，对下一炉室进行加热。在依次对火道串联在一起的若干个焙烧炉室进行加热后，烟气温度逐渐降低，再经横墙上的烟道孔进入连通烟道。废气引入排烟道后，最后流向收尘系统，经净化后排入大气。

图 2-2-10 为敞开式环式焙烧炉热气流流动方向示意图。在火道挡火墙的折流作用下，热烟气在火道墙内呈波浪状态上下并向前流动，以减少火道、炉室上下温差，使焙烧产品更加均质。同时，可以提高焙烧炉的热效率。

敞开式阳极焙烧炉如同一个大量气体流动的热交换器。气流进入系统时是室温，出来时为 200~400℃。从进入到出来的过程中，气体从刚焙烧完毕的阳极冷却以及炉子的不同热源吸收热量。在燃料燃烧处，气流（助燃空气）被加热到 1000~1100℃，而燃

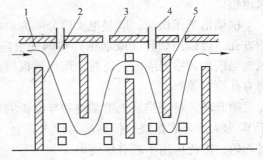

图 2-2-10　敞开式环式焙烧炉热气流流动方向示意图

1—上一炉室火道来热烟气；2—炉室火道隔墙；3—测温孔；4—烧嘴；5—火道挡火墙

烧后又把热量释放给正处于焙烧过程的生阳极。

敞开式阳极焙烧炉的能源由热源和蓄热体组成。热源主要包括引入焙烧炉的燃料、在火道内燃烧的大部分沥青挥发成分及填充焦的烧损。对阳极焙烧炉炉体进行热平衡计算显示，进入焙烧炉的可利用热能的约 56% 是由燃料提供的，由沥青挥发分提供的热能约占 38%，另有 6% 的热能来自填充焦的烧损。

用敞开式环式焙烧炉焙烧铝用炭块，具有升温控制方便、热效率高、生产连续、产量大的优点。但焙烧产品的质量均匀性不如带盖环式焙烧炉好，装出炉操作条件也较差。

图 2-2-11 为某炭素公司 36 室敞开式环式阴极焙烧炉循环图。该炉分为 2 个火焰系统，每个系统有 18 个炉室，其中加热炉室 6~8 个，冷却炉室 4~6 个，出炉炉室 1 个，修炉炉室 1~2 个，装炉炉室 1 个，每个系统各炉室依照图中箭头所示方向进行循环作业。

第一火焰系统移动方向

1	2	3	4	5	6	7	8	9	10	11	12	13	14	15	16	17	18
冷	冷	冷	加	加	加	加	加	加	装	装	修	修	出	出	冷	冷	冷
36	35	34	33	32	31	30	29	28	27	26	25	24	23	22	21	20	19
冷	冷	冷	出	出	修	修	装	装	加	加	加	加	加	冷	冷	冷	冷

第二火焰系统移动方向

图 2-2-11　某炭素公司 36 室敞开式环式焙烧炉循环示意图

对于 n 个电极箱的炉室，它有密闭的 $n+1$ 条平行火道。火道分为内火道与外火道，位于两侧的称外火道，中间的称内火道。它是一个加热火墙，热气流将热透过火墙传给焙烧制品；它又是冷墙，热气流自下而上沿火道内的对挡火墙流动的分布有十分明显的影响，从而影响炉室内部温度。火道砖墙靠料箱一面竖缝不抹耐火泥浆，有利于挥发物排至火道燃烧。

横墙沿炉子横向，既是把火道分隔为炉室的墙，又是连通各自火道的墙。通过它上部的方孔，可以用烟管（或烟斗）将烟气引向烟道，又可以通过冷却管向火道内鼓入冷却风，当前后炉室要隔断气流时，可用插板挡住，当前后室要接通气流时，可以拿掉插板，将方孔顶口盖严。

敞开环式焙烧炉从火道结构和导流板的形状来看，又分为 W 形和 V 形两种火道。由于 W 形火道环式焙烧炉传热均匀，火道上、下及前、后温度相差较小，焙烧后阳极的质量均匀，广泛应用于现有焙烧炉。

2.2.3.4　敞开环式焙烧炉的特点

敞开式炉和带盖炉比较，具有较突出的特点：

（1）根据实际测定，产量、质量都有明显提高，比电阻降低。

（2）炉体结构简化，因敞开焙烧，不用炉盖，故不需要大型吊车，同时，又可减少十多种异形砖。

　　（3）挥发物排出后可引到火道燃烧，节省燃料。

　　（4）敞开炉子结焦少，改善劳动条件，而带盖炉结焦严重，出炉困难。

　　（5）带盖炉火焰与填料接触，有部分氧化燃烧，而敞开式炉的填料基本上不氧化。

2.2.4　多室焙烧炉的火焰加热系统

　　在国内外的电解铝及炭素行业，焙烧炉上使用的燃料有煤气、天然气、重油三类。煤气是比较常见的工业燃料，其主要成分为一氧化碳，使用时应注意其毒性和易爆性。天然气是一种多组分的混合气体，主要成分是烷烃，其中甲烷占绝大多数，另有少量的乙烷、丙烷和丁烷。此外，一般还含有硫化氢、二氧化碳、氮和水汽以及微量的惰性气体，如氦和氩等。重油是原油提取汽油、柴油后的剩余重质油，其特点是相对分子质量大、黏度高。其成分主要是碳水化合物，另外含有部分的硫磺（0.1%～4%）及微量的无机化合物。

2.2.4.1　燃烧系统（重油系统）

　　A　机械设备

　　a　排烟架

　　通常一个燃烧系统有一个排烟架。它用来向系统火道提供运行所需负压，并将焙烧烟气依次通过排烟架、焙烧炉环形烟道、焙烧净化系统、排烟风机，最后通过烟囱排空。

　　b　测量架

　　正常情况下焙烧炉的每个火焰系统设置一个测量架，位于排烟架和第一个燃烧架之间，用来监测所在炉室的负压和沥青挥发分燃烧时的火道温度，保证挥发分正常燃烧，减少燃料消耗。

　　c　燃烧架

　　燃烧架是用来根据系统运行要求将燃料注入火道，并且对相关温度进行监控，保证加热区温度严格按照规定的升温曲线进行升温，重油通过重油燃烧器注入火道。燃烧架基本保护有火道超温保护、加热器温度保护和重油压力保护。

　　d　零压架

　　一个火焰系统设置一个零压架，放在最后一个加热架后的位置上，用于测量最后一个燃烧架后的每一条火道的压力值。控制零压是为了确保空气流动通畅，防止氧气渗入料箱。

　　e　鼓风架

　　鼓风架的作用是向火道内鼓风，确保每个火道燃烧区有充足的预热氧气供应。另外，每个系统还配有强制冷却架，用于炭块在自然冷却后对其进行强制冷却，但强制冷却架不参与系统控制。

　　B　工艺控制原理

　　以阳极焙烧为例，阳极焙烧加工操作基本上分为两个对流热交换区，中间有一个燃烧区。这些区域是预热、燃烧和冷却区。焙烧控制系统的基本要求是在这三个区域内控制每个独立的火道的温度和负压。

　　在阳极焙烧过程中，阳极是静止的，火焰系统和三个区（预热区、燃烧区、冷却区）

是移动的，阳极焙烧加工的参数应尽可能地得到精确控制，确保阳极温度符合工艺要求，保证阳极质量。

预热区的主要作用是：（1）保证温度严格按照温度曲线升温；（2）保证升温速度阳极符合工艺要求；（3）最大程度燃烧挥发分（沥青燃烧）；（4）减少能耗和污染；（5）保证安全操作。

燃烧区通过调节进入火道的燃料流量来控制燃烧区的温度曲线。系统由 3~4 个燃烧架组成，每个火道里均配有 2 个脉冲燃烧器，可以调节对每个火道的燃料供应量。热电偶用来测量火道的温度和料箱的阳极温度，控制系统根据热电偶的测量值与设定值决定燃烧的流量。

燃烧区的主要作用是：（1）保证产品有稳定的高质量；（2）保证按照升温曲线进行升温；（3）确保高可靠的操作；（4）确保安全操作；（5）确保最高的燃料燃烧效率。

冷却系统由探测每个火道的压力的零压测量架和鼓风架构成。冷却系统的作用是：（1）保证产品有稳定的高质量；（2）预热空气到燃烧区达到热能目的；（3）防止冷空气进入到高温区。

2.2.4.2　燃烧系统（天然气系统）

使用天然气作为燃料的燃烧系统的排烟架、测量架与重油系统类似，而燃烧架配备有 18 个脉冲天然气烧嘴。天然气由车间内部天然气管道经燃烧架上的减压阀将天然气压力减至设定压力后，经过对应每条火道的电磁阀，通过天然气烧嘴注入火道。电磁阀开启和闭合均由控制系统控制。燃烧架基本保护有天然气压力保护和负压保护。

天然气系统工艺控制原理除冷却区不采用零压架及鼓风架外，其余部分与燃烧系统（重油系统）相同。

2.2.5　多室焙烧炉的操作

2.2.5.1　常用焙烧曲线

以带盖环式焙烧炉为例，常用的焙烧曲线一般为 280h、300h、320h、360h，以最常见的 320h、360h 焙烧曲线为例。表 2-2-4 和表 2-2-5 为带盖环式焙烧炉 320h 和 360h 运行焙烧曲线。

表 2-2-4　带盖环式焙烧炉 320h 9 室运行焙烧曲线

温升阶段	温度范围/℃	温升速度/℃·h⁻¹	持续时间/h
1	130~350	4.4	50
2	350~400	1.7	30
3	400~500	1.4	70
4	500~600	2.0	50
5	600~700	4.0	25
6	700~800	5.0	20
7	800~1000	6.7	30
8	1000~1250	10	25
9	1250±25	—	20
合　计	—	—	320

表 2-2-5 带盖环式焙烧炉 360h 9 室运行焙烧曲线

温升阶段	温度范围/℃	温升速度/℃·h⁻¹	持续时间/h
1	130~350	4.4	50
2	350~400	1.7	30
3	400~500	1.1	90
4	500~600	1.7	60
5	600~700	3.3	30
6	700~800	5.0	20
7	800~1000	6.7	30
8	1000~1250	8.3	30
9	1250±25	—	20
合　计	—	—	360

2.2.5.2 多室焙烧炉的调温操作及常见异常情况处理

多室焙烧炉正常运行时的操作主要为调温操作，即通过调整燃料与空气供给量的配比，使炉室温度按照规定的焙烧升温曲线要求，进行升温的操作过程称为调温。若调温不当对产品质量造成一系列影响，如出现纵裂、变形、产品比电阻较大、氧化等问题。

在生产中，难免会出现突发事件，如停电、停煤气、烟道冒火、高温炉室"窜煤气"、崩盖等。当遇到这些突发事件时，应采取以下措施。

A　停电（或停排烟机）

(1) 立即提起自然通风连通器的钟形罩，保持炉内自然通风。

(2) 切断通入 800℃ 以下炉室煤气，同时适当减少通入其他炉室的煤气。

(3) 关闭排烟机电源。

(4) 来电时，先将排烟机风门关闭再启动排烟机，并逐渐开大风门。

(5) 按从高温炉室至低温炉室的顺序，通入煤气并点燃，恢复正常生产。

B　停煤气或煤气压力低于规定要求

(1) 按先低温后高温炉室的顺序，切断所有支管到炉室的连通器。

(2) 停排烟机并打开自然通风。

C　烟道着火

(1) 根据着火现象（烟道温度升高，烟囱冒黑烟着火）确定哪一台焙烧炉烟道着火，立即停该台排烟机，打开自然通风。

(2) 切断通往电除尘系统的烟气和电场电源，并从电除尘入口处向烟道通入水或蒸气。

(3) 切断送入该台炉室的煤气。

(4) 由高温炉室向低温炉室逐个打开斜坡烟道检查着火处，发现火焰立即用水或蒸气浇灭。

(5) 火焰全部熄灭并且从仪表上显示烟道温度恢复正常后，再开动排烟机，由高温炉室至低温炉室通入煤气点燃并调整至正常温度。

D　高温炉室"窜煤气"

由于高温炉室的负压过小，空气量不足，使通入炉室的煤气没有充分燃烧，过剩的煤气进入下一个或两个炉室；在下一炉室燃烧产生的热量使该炉室温度超出焙烧曲线的升温要求，这种现象称为"窜煤气"。

（1）通过观察各高温炉室燃烧火焰的颜色（煤气充分燃烧呈黄白色，未充分燃烧呈黄蓝色）判定"窜煤气"的本源炉室。

（2）调整本源炉室煤气供给量，同时观察火焰颜色和炉室温度，将火焰颜色调整至黄白色。

（3）稳定 10min 后观察该系统各炉室温度是否回到正常状态，对温度仍未正常的炉室按上述方法继续调整。

（4）若调整后高温炉室温度仍未上升，则应检查该系统炉室及各烟道的密封情况。若无泄漏则适当调整排烟机风量，增加高温炉室的空气供给量，使温度达到要求。

E　崩盖

由于炉室内煤气过多，与空气混合后瞬间反应发生爆炸，产生的巨大压力将炉盖崩坏，称"崩盖"。产生原因：停排烟机时，煤气没有切断，大量聚积，酿成爆炸性气体；低温点火操作不正确，先送了煤气。

发生崩盖后应立即切断通入该系统所有炉室的煤气，打开炉盖看火孔，及时向相关部门报告，并根据炉盖损坏情况及时处理。若炉盖损坏不大，可进行一定维护后继续生产；若已不能再使用，应在最短时间内更换炉盖。

2.2.5.3　多室焙烧炉的烘炉

烘炉的目的：在于排出炉体内的水分，烘干炉体，使砖与砖之间的缝隙经过烧结成为一个牢固的整体，保证焙烧生产的需要。

环式焙烧炉的烘炉方式：分为有负荷烘炉（烘炉时每个系统各炉室填装冶金焦或部分浸渍产品）和无负荷烘炉。

有负荷烘炉最高温度一般为 1000～1100℃，无负荷烘炉最高温度一般在 800℃左右，采取哪种烘炉方式，应根据实际情况而定。目前环式焙烧炉一般常用有负荷烘炉，此种方式可使炉体在烘炉过程中各部位受热均匀，炉体热应力变化的差异性小，并节约成本。

2.2.5.4　多室焙烧炉的烘炉曲线

烘炉曲线主要是依据炉体含水分的多少、不同温度阶段黏土砖的线性变化特性以及以往焙烧炉烘炉的实践而制定的。

常用的环式焙烧炉的烘炉曲线如表 2-2-6 所示。

表 2-2-6　500h 两系统运转烘炉曲线

温升阶段	温度范围/℃	升温速度/℃·h⁻¹	持续时间/h
1	室温～200	1.1	180
2	200～500	2.0	150
3	500～900	3.0	130

温升阶段	温度范围/℃	升温速度/℃·h⁻¹	持续时间/h
4	900~1000	5.0	20
5	1000（保温）	0	20
合　计			500

注：升、降温温度波动范围为±10℃，从1000℃降到600℃，用25h。

烘炉操作前要做好组织、技术、物质准备工作，并对相关设备进行检查。以30个炉室两系统运转的环式焙烧炉有负荷烘炉过程为例：

（1）确定一系统的6号炉室、二系统的21号炉室为各系统第一个点火炉室。

（2）将6号、7号、8号、21号、22号、23号炉装满冶金焦（各箱的冶金焦装入量要基本相同，且与炉箱口基本持平），盖好这几个炉室的炉盖，并把9号、24号炉的火井用火井盖封严。在8号、23号炉室安上废气连通器与烟道接通，通知仪表工将上盖炉室的热电偶接好。

（3）烘炉开始，通过小炉灶将6号炉室点燃，如灭火应立即关闭煤气，待10min后再点火，点火顺序：先点中间两个喷火嘴，再点两侧喷嘴。6号炉室点火后，间隔半个上盖时间点另一个系统的21号炉，操作与上相同。点火后每1h记录1次炉室温度，每班测两次最后炉室的负压。

（4）炉室运转一周后，应测试炉室的尺寸变化是否符合设计要求，了解记录炉室的变形、膨胀、凹陷、裂纹等情况，参照有关技术标准验收合格后，才表示烘炉结束，然后用拖盖的方法转入正常曲线进行生产。

（5）在生产初期，应进行温度场测试，根据测试结果制定适合该焙烧炉的最佳焙烧曲线。

2.3　隧　道　窑

2.3.1　概述

隧道窑是现代化的连续式烧成的热工设备。广泛用于陶瓷产品的焙烧生产，冶金行业（如磨料等）中也有应用。隧道窑由耐火材料、保温材料和建筑材料砌筑而成，内装有窑车等运载工具，与隧道相似。隧道窑一般是一条长的直线形隧道，其两侧及顶部有固定的墙壁及拱顶，底部铺设的轨道上运行着窑车。燃烧设备设在隧道窑的中部两侧，构成了固定的高温带——烧成带。燃烧产生的高温烟气在隧道窑前端烟囱或引风机的作用下，沿着隧道朝窑头方向流动，同时逐步地预热进入窑内的制品，这一段构成了隧道窑的预热带。在隧道窑的窑尾鼓入冷风，冷却隧道窑内后一段的制品，鼓入的冷风流经制品而被加热后，再抽出送入干燥器作为干燥生坯的热源，这一段便构成了隧道窑的冷却带。

在台车上放置装入生制品的匣钵，连续地由预热带的入口慢慢地推入（常用机械推入），而载有烧成品的台车，就由冷却带的出口渐次被推出来（约1h左右，推出1车）。

2.3.2　隧道窑的分类及特点

2.3.2.1　分类

隧道窑有各种不同的分类方法，大致归纳为以下几种。

A　按烧成温度的高低分

(1) 低温隧道窑（1000~1350℃）。

(2) 中温隧道窑（1350~1550℃）。

(3) 高温隧道窑（1550~1750℃）。

(4) 超高温隧道窑（1750~1950℃）。

B　按烧成品种分

(1) 耐火材料隧道窑。

(2) 陶瓷隧道窑。

(3) 红砖隧道窑。

C　按热源分

(1) 火焰隧道窑。

(2) 电热隧道窑。

D　按火焰是否进入隧道分

(1) 明焰隧道窑。

(2) 隔焰隧道窑。

(3) 半隔焰隧道窑。

E　按窑内运输设备分

(1) 车式隧道窑。

(2) 推板隧道窑。

(3) 辊底隧道窑。

(4) 输送带隧道窑。

(5) 步进式隧道窑。

(6) 气垫式隧道窑。

F　按通道多少分

(1) 单通道隧道窑。

(2) 多通道隧道窑。

2.3.2.2　隧道窑的特点

隧道窑具有以下特点：

(1) 连续性生产，产量大。

(2) 工作制度稳定，焙烧曲线一定，温度较均匀，成品率较高。

(3) 结构复杂，占地面积大，投资大，对厂房结构要求不高。

(4) 能耗低，热量能够充分利用，制品烧成周期短，总成本低。

(5) 窑内温度制度、气氛制度以及窑内压力能够准确控制，并容易实现自动化。

（6）产品适应性差，对于不同形状、性能的制品，只有重新更改原来的焙烧工艺才能达到要求。

（7）最好使用液体或气体燃料，生产控制技术要求严格。

2.3.3　隧道窑的结构及工作原理

2.3.3.1　隧道窑的结构

陶瓷隧道窑一般长 15~100m，内宽和内高都在 2m 以下。

隧道窑包括窑体、窑内输送设备、燃烧设备、通风设备等部分，如图 2-2-12 所示。

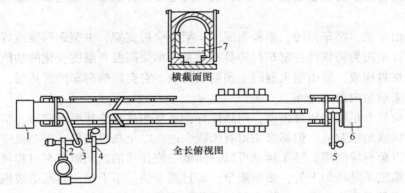

图 2-2-12　隧道窑

1—进料室；2—1 号排风机；3—焦油分离器；4—2 号排风机；5—3 号排风机；6—出料室；7—炉车

A　窑体

它是由窑墙、窑顶和窑车衬砖围成的码烧坯体的空间，即隧道。隧道主要是传热和坯体进行物化反应的场地。

a　窑墙

窑墙应具有耐高温、一定强度和保温（使向外界散失的热量较小）的功能，它与窑顶一起，将隧道与外界分隔，在隧道内燃烧产物与坯体进行热交换。窑墙支撑窑顶，承受一定的质量。因窑墙内壁温度约等于制品的温度，而外壁接触大气，所以其温度比内壁低。

b　窑顶

窑顶的作用与窑墙相似，但窑顶支撑在窑墙上，且在较为恶劣的条件下操作。因此，除了必须耐高温、积散热小及具有一定的机械强度外，还必须具备结构好，不漏气，坚固耐用；质量小，减轻窑墙负荷；横推力小，少用钢材；尽量减少窑内气体分层等条件。一般窑炉采用拱形顶，拱顶严密，砖形简单，坚固耐用，节约钢材。

拱顶是用楔形砖夹直形砖砌成。拱越平，横推力越大，加固窑所需的钢材越多，且拱顶不稳固，容易下落。所以从节约钢材和拱顶稳固的角度，拱越高越好，但容易造成上、下温度不均。

吊平顶的窑顶不易下沉，砖垛与窑顶间的空隙小，有利于气流的合理分布，便于码砖，但砌筑时钢材用量大，气密性差。因此可结合拱顶和吊平顶的优势砌筑成吊拱顶。

c 检查坑道

检查坑道是为了便于清扫落下的碎屑和砂粒，冷却窑车，检查窑车、维修等，常设置人可行走的通道。

d 窑门

它分为预热带窑门和冷却带窑门。预热带窑门的作用是保证窑内操作稳定，防止冷空气漏入以减少气体分层，减少上、下温差。冷却带窑门是为了防止从冷却带出口端漏出大量空气，使产品能得到合理的冷却。

B 窑内输送设备

目前用得最多的设备是窑车。现代小型隧道窑还有推板、输送带、辊底、步进梁等窑内输送设备。

窑车由车架、窑车衬砖、裙板组成。车架为金属支架，由型钢铆接或焊接而成，或由铸铁制成；裙板为铸铁件；窑车衬砖具有承重、承受高温及温度变化的功能。它由耐火材料和保温材料构成，或由耐火混凝土预制块构成。它会影响窑车的蓄热量，从而影响窑炉的能耗，影响窑内温度分布。

窑车应具有足够的机械强度，耐热性好，反复加热和冷却而不变形。窑车行进的砂封槽多用钢板或角钢制成，但都必须留有膨胀余地，以免高温变形。推车机应使窑车推动平稳均匀，以免料垛倒塌。窑车运动可以是间歇的或连续的。间歇推车过程每车温度急剧改变，产品温度不是均匀上升，影响质量，而且推车快，不平稳，容易造成倒塌事故。连续推车过程产品温度均匀上升，推车慢，平稳，不易出事故。

窑内有一系列窑车，数量不等，一般为几个，只有使用推车器才能推动窑车沿隧道前进。推车器装在进车室前。窑车在窑内可以是间歇式或连续式运动，要求窑车被推动应平衡不倒塌。

C 燃烧设备

它包括燃烧室和烧嘴，还有其他附属设备，燃料在这里进行燃烧，燃烧产物进入隧道，传热给制品。

燃烧室的布置和窑内的温度均匀性有关，隧道窑燃烧室的分布有集中或分散、相对或相错、一排或两排等不同类型。根据燃料的不同，隧道窑的燃烧室可分为烧煤的燃烧室、烧重油的燃烧室、烧煤气的燃烧室。

用固体燃料时，在焙烧带要增设外部火箱，当加煤、撬炉、清渣以及负压操作时，窑内温度不均匀，常有波动，不易控制。

用气体燃料时，喷嘴分布合理，温度易控制。某电碳厂采用天然气，效果较好。

烧重油的隧道窑在陶瓷、耐火材料工业应用较多，目前也有使用电热隧道窑的。

D 通风设备

它包括排烟系统、气幕和气体的循环装置以及冷却系统。它们由排烟机、烟囱、鼓风机及各种烟道、管道组成。通风设备的作用是使窑内气流按一定方向流动，排出烟气，供给空气，抽出热空气，并维持窑内一定的温度、气氛和压力制度。

a 排烟系统

排烟系统包括烟气由窑内向窑外排出所经过的排烟口、支烟道、主烟道、排烟机及烟囱等。分布排烟口的地段约占预热带全长的 70%，往往自进窑第二车位起，每车布置一对排烟口。排烟口之下为支烟道和主烟道,支烟道起连接排烟口和主烟道的作用,主烟道将汇集各支烟道来的烟气送进烟囱。排烟口、支烟道和主烟道的设计应尽量减少阻力损失,烟气进入烟道即能顺利地排走,所以烟道应避免急剧弯曲。排烟系统的最后设置为排烟机和烟囱,或没有排烟机而只用烟囱。烟囱至少要高于周围100m范围内的最高屋顶3m。

b 气幕、搅动循环装置

气幕是指在隧道窑横截面上,自窑顶及两侧窑墙上喷射多股气流进入窑内,形成一片气体帘幕。在窑头有封闭气幕,预热带有循环搅动气幕,在烧成带有氧化气氛幕,在冷却带有急冷阻挡气幕。封闭气幕位于预热带窑头,气幕一般是抽车下热风,或冷却带抽来的热空气。为减少预热带气体分层,将一定量热气体以较大流速和角度自窑顶一排小孔喷出,促使气体向下运动,产生搅动,使温度均匀。循环气幕是利用轴流风机或喷射泵使窑内烟气循环流动,以达到均匀窑温的目的。在烧还原气氛时,为使坯体在900℃前不被氧化,因此在950~1050℃处设气氛还原气幕。为了缩短烧成时间,提高制品质量,设于冷却带始端的急冷气幕是获得急冷的最好方法。急冷气幕不但起急冷作用,同时也为阻挡气幕,防止烧成带烟气倒流至冷却带,避免产品被熏烟。

2.3.3.2 隧道窑的工作原理

A 工作原理

隧道窑工作时,运载工具上装载有待烧的制品,随运载工具从隧道窑的一端进入,在预热带经预热升温后进入烧成带进行高温焙烧,再经冷却带将制品冷却至一定温度,在窑内完成制品的烧制以后,从隧道窑的另一端随运载工具输出,而后卸下烧制好的产品,卸空的运载工具返回窑头继续装载新的坯体后再入窑内煅烧。隧道窑的工作原理如图2-2-13所示。隧道窑内气体主要的流向是由冷却带到烧成带,再到预热带。在冷却带尾送入冷空气将制品强制冷却,换热后产生的热风被抽出,烧成带中的燃料在一次和二次空气的助燃下燃烧,产生高温气体,与运行至烧成带的制品完成热交换后进入到预热带,进一步将热量传递给冷制品,最终产生的烟气被抽出处理。

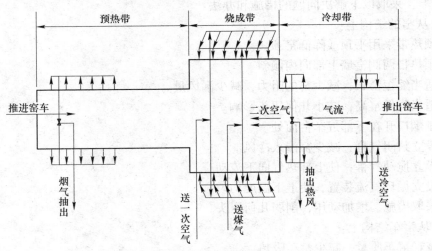

图2-2-13 隧道窑的工作原理图

在预热带上部，主流和循环气流方向相同，而下部相反，所以从预热带垂直断面看，总的流速是上部大而下部小。冷却带则相反，总的流速是上部小而下部大。隧道窑内的气体流速分布如图 2-2-14 所示。

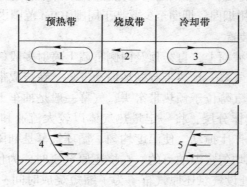

图 2-2-14　隧道窑内的气体流速分布
1—预热带气体循环；2—冷却带气体循环；3—气体主流；
4—预热带垂直断面的流速分布；5—冷却带垂直断面的流速分布

B　工艺系统

隧道窑可划分为：预热带、烧成带、冷却带三带。对于三带的具体划分各有不同，有以砌筑体分，有以温度分，但多数以燃烧室的设置分。设有燃烧室的部分为烧成带，前后各为预热带及冷却带。

C　气体流动

影响气体流动的因素包括几何压头、静压头，动压头和阻力损失压头。

a　几何压头

隧道窑的几何压头是指窑内 $1m^3$ 热气体比窑外 $1m^3$ 空气多具有的能量，是相对能量。几何压头使窑内热气体由下向上流动，气体温度愈高，几何压头愈大，向上流动的趋势也愈大。因此，预热带气体分层现象是目前最主要的问题，可以从窑的结构、窑车结构以及码垛方法上，采取以下解决问题的措施和办法：

（1）从窑的结构上：

1）预热带采用平顶或降低窑顶。

2）预热带两侧窑墙上部向内倾斜。

3）适当缩短窑长，减少窑的阻力，减少漏风量。

4）适当降低窑高，减小几何压头影响。

5）排烟口开在下部近车台面处。

6）设立封闭气幕，减少窑漏入冷风。

7）设立搅动气幕，使上部热气向下流动。

8）设立循环气流装置，使上下温度均匀。

9）采取措施，增加动压，削弱几何压头。

（2）从窑车结构上：

1）减轻窑车质量，减少窑车吸热。

2）车上砌有气体通道，提高隧道下部温度。

3）严密窑车接头和砂封板，窑墙曲折封闭，减少漏风量。

（3）从码垛方法上：

1）料垛码得上密下稀，增加上部阻力，使气体多向下流。

2）适当稀码料垛，减少窑内阻力，减少冷风漏入量。

b　静压头

静压头是由于排烟、鼓风、抽风等使窑内外压强不等造成气流方向由高压向低压流动。窑内存在绝对压强等于窑外绝对压强的零压位。零压位非常重要，要控制在预热带和烧成带交界面附近。因为零压位移向预热带，烧成带正压过大，气体逸出，损失热量；零压位移向烧成带，预热带负压过大，漏入冷风，气体分层，上、下温差大。

c　动压头

动压头给予气体流动的方向，就是气体喷出的方向，是流速的方向。隧道窑的各种气幕和循环装置就是利用动压头喷出的不同方向和强大的功能来削弱几何压头的作用。

d　阻力损失压头

阻力损失指窑外管道系统的阻力损失和窑内的阻力损失。阻力损失压头包括摩擦阻力和局部阻力，以及料垛阻力。

设计和操作隧道窑总是希望降低窑内阻力损失：

（1）适当缩短窑长。

（2）合理稀码料垛。

（3）严密窑车接头和砂封板，减少冷风漏入。

（4）可以采用高速烧嘴，加速气体循环，使上、下温度均匀。

D　窑内传热

传热方式有三种：传导传热、对流传热和辐射传热。在某一地带，某一范围，某一条件下，总有一种传热起主要作用。

对流传热是隧道窑预热带和冷却带的主要传热方式。要快速烧窑，提高对流传热是一个有效的途径。可以通过扩大传热面积、提高气体温度、提高对流传热系数等方法，提高对流。料垛空隙尺寸越大，对流传热系数也越大。

烧成带和预热带高温段主要靠燃烧产物辐射传热给制品。稀码可以提高辐射能力，加速烧成。

综上所述，预热带和烧成带内气体传给制品的热量为：气体以对流和辐射方式将热传给料箱外表面；料箱外表面以导热方式将热传给内表面；料箱内表面以辐射方式及箱内气流以对流方式将热传给制品。

2.3.3.3　砌窑用耐火材料

耐火材料必须具有一定的强度和耐火性能，以便保证窑炉烧到要求的温度而不倒塌。隔热材料的作用是减少窑炉墙壁的积热和散热，节约燃料。

砌窑用耐火材料主要有：

（1）黏土质耐火砖：黏土砖属于弱酸性耐火材料，热稳定性较好，使用温度在1300℃以下。

（2）半硅砖：属半酸性耐火材料，其荷重软化开始温度比黏土砖高，耐急冷急热性比硅砖好，但比黏土砖稍差。

（3）高铝砖：耐火度及荷重软化点比黏土砖高，开始软化温度为 1420~1500℃，抗化学腐蚀性较好，但热稳定性较低，使用温度为 1400~1600℃。

（4）硅砖：属酸性耐火材料，荷重软化开始温度高，一般在 1620℃ 以上，热稳定性差。

（5）镁砖：属碱性耐火材料，耐火度甚高，一般超过 2000 ℃，荷重软化点低，1500℃ 就开始软化，热稳定性不好。

（6）镁硅砖：制造工艺和理化性能与镁砖相同，其烧成温度为 1620~1650℃，荷重软化开始温度约在 1550℃ 以上。

（7）镁铝砖：其耐火度高达 2130℃，荷重软化点和热稳定性都比镁砖好。

（8）刚玉砖：以电熔刚玉砂或工业氧化铝为原料，加入 1% 以下的氧化钛，在 1600~1800 ℃ 烧结而成，使用温度在 1800℃ 以下。

（9）碳化硅耐火制品：用黏土作结合剂的碳化硅制品，其组成变化甚大。根据使用要求，黏土结合剂用量为 5%~20%，可以外加高铝矾土、工业氧化铝等。

2.3.4　隧道窑的设计及操作

无论设计或操作隧道窑，都要符合工艺要求，保证优质、高产、低热耗和满足工厂技术经济指标等要求。

2.3.4.1　隧道窑的设计

隧道窑的设计计算包括三个部分：窑体主要尺寸及结构的计算；燃料燃烧及燃烧设备的计算；通风设备及附属设施的计算。

窑体计算内容为隧道窑容积、高度、宽度、长度、拱高、墙高以及墙与窑顶厚度等。

燃烧设备的计算内容为燃烧室个数、大小、形状以及喷嘴选型等。

通风设备计算内容为排烟口、支烟道、主烟道和烟囱的尺寸以及风机（排烟帆、鼓风机、抽风机）的类型规格等。窑体计算主要包括以下几项。

A　窑内容积计算

隧道窑容积取决于生产任务、焙烧成品率、焙烧时间和装窑密度四个条件。其数学表达式如下：

$$V_{隧} = \frac{每小时的生产任务（kg/h）\times 制品在窑内停留时间（h）}{成品率（\%）\times 每 1m^3 窑容积装制品和废品（kg/m^3）} \qquad (2\text{-}2\text{-}1)$$

确定各项条件时，应留有发展生产的余地。在新设计中，生产任务的多少基本上是给定的。其他各项应进行调查研究，总结先进经验，广泛地收集可靠的数据。如装窑密度，就应仔细研究各种装车图，了解各种产品的装车密度，只有这样才能既采用先进技术，又留有一定的发展余地。

B　隧道高度、宽度及长度计算

确定高度、宽度时，应考虑的因素前面已介绍过，由高度和宽度可算出隧道截面面积，再进一步确定长度。

$$截面面积 F = \frac{2}{3}拱高 \times 宽度 + 墙高 \times 宽长 \tag{2-2-2}$$

$$隧道长 L = \frac{隧道容积（V_{隧}）}{隧道截面面积（F）} \tag{2-2-3}$$

同时可以计算预热带、焙烧带（烧成带）、冷却带长度。

$$L_{预} = 总长 \times \frac{预热时间}{总的焙烧时间} \tag{2-2-4}$$

$$L_{焙} = 总长 \times \frac{焙烧时间}{总的焙烧时间} \tag{2-2-5}$$

$$L_{冷} = 总长 \times \frac{冷却时间}{总的焙烧时间} \tag{2-2-6}$$

按日本窑的数据，各带长度分配大致的比例为：

预热带：占窑长　　25%

焙烧带：占窑长　　45%

冷却带：占窑长　　30%

C　厚度的确定

窑墙等的厚度的确定，已有许多经验可参考。一方面根据各带温度选用各种窑墙、窑顶结构；另一方面根据这些结构选用各种标准型砖，从而可确定出厚度。

2.3.4.2　隧道窑的操作

隧道窑的生产操作比较方便，制品装入砖槽有一定操作要求。主要优点是保护制品不被氧化，不会在高温作用下变形，入窑制品的焙烧应严格按照合理制定的升温曲线进行。这就要求必须了解隧道窑升温特点、温度分布以及影响温度的因素，从而合理调节，达到工艺要求。现列举 80m 燃气隧道窑的焙烧曲线，如表 2-2-7 所示。

表 2-2-7　炭素制品焙烧曲线

车位号（测温点）	1	6	9~10	13~14	15~16	8~19	22~23	26
窑上部温度/℃	220~230	445	4550	640	705	800	930	1100
车位号（测温点）	27~28	28~29	29~30	30~31	33	35~36	39	出口
窑上部温度/℃	1170	1210	1220	1220	730	485	485	300
车位号（测温点）	总烟道	窑底	6 号负压	39 号负压	21 号负压			
窑上部温度/℃	155	52	2.5mmH$_2$O	1 mmH$_2$O	2~3 mmH$_2$O			

隧道窑的操作控制包括温度、压力和气氛制度。其中压力制度是温度制度和气氛制度的保证。

　A　各带温度的控制

　a　预热带的温度控制

　预热带的温度控制是保证制品自入窑起到第一对燃烧室止，能按升温曲线均匀地加热。

　减少预热带上、下温差的方法有：采用封闭气幕和扰动气幕；窑车接头处要严密，不漏气，砂封板接头要靠紧；合理地进行码垛。

　b　烧成带的温度控制

　这是控制实际燃烧温度和最高温度点。实际火焰温度应高于制品烧成温度 $50 \sim 100 \text{℃}$。而最高温度点一般控制在最末一两对烧嘴之间。如果前移会导致保温时间过长，易使制品过烧变形；如果后移会保温不足，形成欠烧。

　c　冷却带的温度控制

　冷却带的温度大于 $1000 \sim 700 \text{℃}$ 时可缓冷，需要阻挡冷空气进入。温度在 $700 \sim 400 \text{℃}$ 时可慢冷，靠热风口排出热风；温度在 $400 \sim 80 \text{℃}$ 时可急冷，直接鼓入冷风。

　B　烧成带的气氛控制

　要求防止窑内物料氧化，应该造成一定的还原气氛。烧还原气氛的窑，在烧成带前一小段要控制氧化气氛，后一大段要控制还原气氛，用氧化气氛幕来分隔这两段。

　C　各带的压力控制

　窑内最紧要的是控制烧成带两端的压力稳定。如果窑内负压大，漏入的冷空气就多，一方面温度低，气体分层严重，上、下温差大，另一方面烧成带难以维持还原气氛。如果窑内正压过大，则大量热气体向外界冒出，损失热量，恶化劳动条件。因此最理想的操作是维持零压。

　控制烧成带零压面的位置十分重要，烧煤气、烧油或炉栅下鼓风烧煤的窑，零压面一般控制在烧成带和预热带的交界面附近，使烧成带全带处于微正压，容易形成还原气氛。

　冷却带急冷和直接风冷鼓入的风必须和抽出的热风相平衡。也就是说，鼓入的冷风应等于抽出的热风，才不致有冷风流入烧成带，使烧成带能控制最高烧成温度和还原气氛。

2.3.4.3　二次焙烧

　为了提高石墨制品尤其是石墨电极的质量，均采用一次浸渍和二次焙烧（或多次浸渍多次焙烧）的工艺。

　用环式焙烧炉进行二次焙烧的缺点有：

　（1）温度比一次焙烧低，如用环式焙烧炉就不能发挥它的作用。

　（2）不能把焦油挥发物的潜热加以充分利用。

　（3）劳动条件恶劣。

　（4）管理费用昂贵。

　改用普通隧道窑作为二次焙烧窑，采用几乎与原来隧道窑同样的加热方式进行操作，就能解决焙烧连续化问题，但是仍存在大量焦油沥青流出如何处理的问题。因此要设计二次焙烧专用隧道窑。

思考题

2-2-1　焙烧的概念和目的是什么？

2-2-2　焙烧过程可分为哪几个阶段？焙烧过程中焙烧制品发生哪些变化？

2-2-3　倒焰窑的结构组成有哪几个部分？

2-2-4　倒焰窑内热气体的流动方向及压强分布如何？

2-2-5　多室焙烧炉是如何分类的？

2-2-6　带盖环式焙烧炉的结构是怎样的？试述各部分的作用。

2-2-7　带盖环式焙烧炉、敞开式环式焙烧炉的基本运行模式是怎样的？

2-2-8　炭素焙烧使用的燃料种类有哪些？其安全特性是什么？

2-2-9　敞开式环式焙烧炉按火道结构和导流板的形状分为哪两种结构形式？

2-2-10　一套完整的火焰加热系统包括哪些设备？

2-2-11　测量架的作用是什么？

2-2-12　试比较带盖环式焙烧炉和敞开式焙烧炉（结构、原理、特点等方面）。

2-2-13　多室焙烧炉常见的异常情况有哪些？

2-2-14　多室焙烧炉的烘炉目的是什么？

2-1-15　隧道窑的主要组成部分有哪些？

2-1-16　隧道窑的工作系统包括窑长方向的哪几个带？

2-1-17　隧道窑的零压位在何处？

2-1-18　隧道窑中气幕的作用是什么？

3　石　墨　化　炉

3.1　概　　述

经过焙烧的炭素制品，具有一定理化性能与强度，但碳原子的排列结构仍不规则，制品不具备石墨的许多优良性能，要使制品的碳原子排列为石墨晶体结构，还应该通过 2300~2500℃以上的高温处理。图 2-3-1 所示为不同温度的热处理过程中碳原子的排布。由图可见，热处理温度越高，如大于 2300℃，制品内部的碳原子越趋于六元环晶体排列，其性能也越接近石墨晶体。

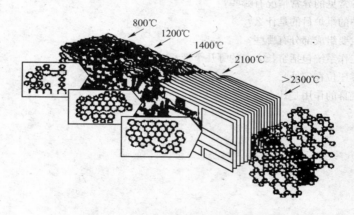

图 2-3-1　热处理过程中碳原子的排布

经过石墨化处理以后，炭素制品的导热性能、导电性能以及化学稳定性、热稳定性显著提高；杂质降低；耐磨性能提高；硬度得到降低，更便于进行精密的机械加工。

3.2　石墨化工艺

3.2.1　石墨化与焙烧的区别

石墨化制品与焙烧制品的主要差别在于碳原子和碳原子之间的晶格在排列顺序和程度上存在着差异。焙烧品的碳原子排列属于"乱层结构"，而石墨化品属于"石墨结构"，内部微观结构不同。从表 2-3-1 可以看出，焙烧品经石墨化后，电阻率降低到 1/3 ~ 1/4，真密度提高约 10%，导热性提高 10 倍，膨胀系数约降低 1/2，氧化开始温度提高，杂质气化逸出，机械强度有所降低。

表 2-3-1 焙烧品和石墨化品的性能对比

性能指标	焙烧品	石墨化品
电阻率/×$10^{-6}\Omega \cdot m$	40~60	6~12
真密度/g·cm^{-3}	2.00~2.05	2.20~2.23
体积密度/g·cm^{-3}	1.50~1.60	1.50~1.65
抗压强度/MPa	24.50~34.30	15.68~29.40
孔度/%	20~25	25~30
灰分/%	0.5	0.3
热导率/W·(m·K)$^{-1}$	3.6~6.7 (175~675℃)	74.5 (150~300℃)
膨胀系数/10^{-6}K^{-1}	1.6~4.5 (20~500℃)	2.6 (20~500℃)
开始氧化温度/℃	450~550	600~700

3.2.2 石墨化工艺过程

炭素产品在石墨化过程中，按温度特性大致可分为三个阶段。

3.2.2.1 重复焙烧阶段

温度至1300℃为重复焙烧阶段。经1300℃焙烧的产品具有一定的热电性能和耐热冲击性能，此阶段产品仅是预热，产品内没有多大变化。一般认为，在这个阶段采用较快的温升速度，产品也不会产生裂纹。

3.2.2.2 严控温升阶段

该阶段的温度范围为1300~1800℃。在这个温度区间内，产品的物理结构和化学组成发生了很大的变化，碳平面网格逐渐转化为石墨晶格结构，同时低烃类及杂质不断向外散逸，这些变化引起结构上的缺陷，促使热应力过分集中，极易产生裂纹废品。为减缓热应力的作用，应严格控制该阶段的温升速度，防止产品产生裂纹。

3.2.2.3 自由温升阶段

1800℃至石墨化最高温度，为自由温升阶段。此时产品的石墨晶体结构已基本形成，温升速度已影响不大。但石墨化的完善程度主要取决于最高温度，所以温度越高越好。

3.2.3 石墨化工艺的影响因素

影响石墨化的主要因素是原料、温度、压力和催化剂等。

3.2.3.1 原料

在石墨化制品生产中，选择易石墨化的原料是先决条件。在同样热处理温度下，易石墨化碳更容易成长为石墨晶体（见表2-3-2）。因此，高功率、超高功率电极都采用易石墨化的针状焦作原料。

表 2-3-2　不同热处理温度的石墨晶体

石墨类型	焦炭类型	热处理		X 光数据	
		温度/℃	时间/min	C, A	L_c, A
定向石墨	定向焦	3000	30	6.714	1400
针状焦石墨	针状焦	2800	60	6.781	590
热解石墨	热解焦	3100	18	6.712	∞

原料质量如果不好，特别是含硫量高，那么在石墨化过程中，这些元素的原子就会不同程度地侵入碳原子的点阵，并在碳原子点阵中占据位置，造成石墨晶格缺陷，使制品石墨化程度降低。

3.2.3.2　温度

温度决定着石墨化程度。不同的炭材料，开始石墨化温度不同。石油焦一般在 1700℃ 就开始进入石墨化，而沥青焦则要在 2000℃ 左右才能进入石墨化的转化阶段。制品的石墨化程度和温度的关系如表 2-3-3 所示。

表 2-3-3　石墨化程度和温度的关系

温度/℃	在该温度下停留时间 /min	电阻率 /Ω·cm	相邻晶层距离 /Å[①]
2000	68	0.00352	3.4233
2250	63	0.00235	3.3989
2530	67	0.00130	3.3743
2780	60	0.00105	3.3674
3000	68	0.00085	3.3644

① 1Å = 10^{-10} m = 0.1nm。

石墨化程度和高温下的停留时间也有一定的关系。但效果远没有提高温度明显。在实际生产过程中，保温操作是为了使炉内温度达到均匀，从而使产品质量均匀。

3.2.3.3　压力

加压石墨化有明显的促进作用。研究者把石油焦等碳化物在 1～10GPa 的压力下加热时发现，在 1400～1500℃ 的低温下就开始石墨化。相反，减压石墨化时，对石墨化有抑制作用。如果石墨化在真空条件下进行，则它将达不到一般大气压下能够达到的石墨化程度。

3.2.3.4　催化剂

在一定条件下，添加一定数量的催化剂，可以促进石墨化的进行，如硼、铁、硅、钛、镍、镁及某些化合物等。催化剂的添加有其最佳加入量。过多地添加必将适得其反。目前在炼钢用的石墨电极中常添加铁粉或铁的氧化物作添加剂。

3.3 石墨化炉

3.3.1 石墨化炉的加热原理

石墨化炉是采用制品和电阻料作"内热源"的电阻炉。电阻料的电阻率是制品的99倍。因此,实际上全部焦耳是由电阻料发出的,而电极制品的加热是通过电阻料颗粒的热传导和热辐射来进行的。所以,在石墨化炉中电极制品本身的加热是间接式的。因而,石墨化炉的发热主要是电阻料的发热。根据焦耳-楞次定律:电流通过导体时产生的热量与通过的电流的平方成正比,也与导体电阻大小及通电时间成正比。其计算公式如下:

$$Q = I^2 Rt \tag{2-3-1}$$

式中　Q——电流通过导体所产生的热量,J;

　　I——电流,A;

　　R——导体的电阻,Ω;

　　t——通电时间,s。

石墨化炉在运行中,炉阻、电流、电压都在不断地变化,功率也在不断地改变,因此,实际计算应用下式:

$$Q = \overline{P}t \tag{2-3-2}$$

式中,$\overline{P}$ 为平均功率,J/s。

3.3.2 石墨化炉的结构与类型

3.3.2.1 石墨化炉的分类

石墨化采用的设备主要为石墨化炉与变压器。

常见的石墨化炉有可调炉芯电阻炉与不可调炉芯电阻炉。目前,为了获得高纯石墨,又有通气石墨化炉和连续石墨化炉等新形式,这些炉子的加热原理是相同或相似的,加热原理特殊的有内串石墨化。

按加热方式分,石墨化炉又可分为外加热、内加热、间接加热炉。

按运行方式分,有间歇和连续石墨化炉。

3.3.2.2 石墨化炉的结构

石墨化炉的结构如图2-3-2所示,本节介绍的炉型是艾奇逊石墨化炉。

石墨化炉的组成有三大部分。第一部分为炉头端墙、导电电极、侧墙、炉底炉槽、支持骨架;第二部分为母线冷却水套、供电设备;第三部分为制品、电阻料所构成的炉芯与保温料层。

石墨化炉整体不复杂,是一个长方体,整个炉子砌筑在水平的混凝土基础上,用黏土砖在基础上砌筑矩形炉槽,炉槽内用炭素材料和砂子的混合物打结炉底。两侧是可以装卸的活动墙,活动墙靠钢筋混凝土结构支撑骨架固定。小型石墨化炉或通气炉子,两侧墙可

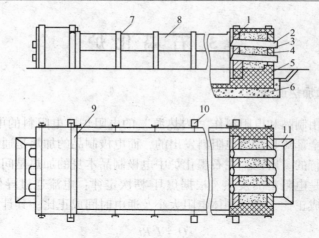

图 2-3-2　石墨化炉的结构

1—炉头内墙石墨块砌体；2—导电电极；3—炉头填充石墨粉空间；4—炉头炭块砌体；

5—耐火砖砌体；6—混凝土基础；7—炉侧槽钢支柱；8—炉侧保温活动墙板；

9—炉头拉筋；10—吊挂活动母线排支承板；11—水槽

以砌成固定的，小型炉子的炉槽常常砌在砖垛上。底部有较大空隙，这样可以冷却炉底，以及减小漏电现象，或者整个炉子砌在一活动车架上，称移动式炉。

　　石墨化炉的加热电流由导电电极直接通入中部炭素制品与电阻料构成的炉芯，炉芯具有一定电阻，电流流入则发热，制品与电阻料升温，外层保温料起到隔热与隔离空气作用，使热量蓄储更快，并达到石墨化温度。导线系统称为短网或二次母线，通过母线，电流从电源输向炉芯。

3.3.2.3　石墨化炉的电极

A　导电电极

炉子端墙由耐热混凝土浇筑外壳，内衬用石墨块和炭块砌筑。导电电极穿过耐热混凝土和石墨块。耐热混凝土与石墨块之间填充 2~6mm 的石墨屑子，墙厚依炉子大小而定，炭素厂的外尺寸约在 1000~1200mm 左右，电碳厂的则小得多。导电电极在端墙内的砌筑方法如图 2-3-3 所示。

　　正确的选择导电电极的截面、类型以及砌筑方法，能延长导电电极的使用期限，减少电能的损失，节省维修费用，通电电极输入炉内的电流由几千安到几万安，这就需要大截面电极。

　　导电电极可以采用炭素电极或石墨化电极，炭素电极端的导电系数较低，允许电流密度不大于 3~5A/cm²，所以应有较大截面。石墨化电极则具有很高的导电系数，其允许电流密度为 10~12A/cm²，比炭素电极大 3 倍以上。

　　因此，导电电极组的截面可以大大减小，电极截面小，要使电极与端墙砌体之间完全密闭，否则，经过几

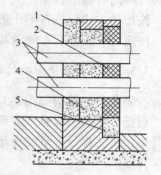

图 2-3-3　端墙

1—耐热混凝土；2—石墨化块；3—导电电极；4—填充石墨化屑；5—炭块

炉操作之后,导电电极就可能氧化损坏,而需停炉修理。

导电电极规格应依炉子大小及电流密度加以设计,如果知道最大电流以及电极的允许电流密度,最大电流除以电流密度,即可得导电电极总截面,然而问题并非如此简单,因为适合各种复杂情况的电流密度不易确定。目前大型电炉采用 $\phi 400mm \times 1600mm$ 或 $400mm \times 400mm \times 1500mm$ 的电极,小型电炉采用 $\phi 200mm$ 的电极。

B 电极的连接

导电电极与母线的连接方法有两种:

(1) 直接法。母线直接固定在电极表面上。直接连接法导电母线与变压器二次侧连接,如图 2-3-4 所示。炉变二次则有 16 个出头,现在采用两正端(或负端)合并一头引入线端,导电电极与母线经实际装配,构成一个完整电路。电流必然经炉芯使其发热升温,整个配电线路不能短路。

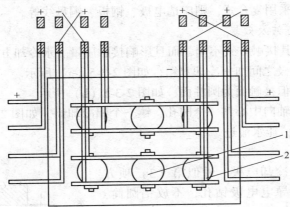

图 2-3-4 直接连接法
1—导电电极;2—母线

(2) 间接法。如图 2-3-5 所示。

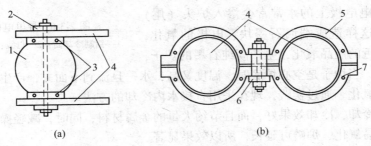

图 2-3-5 间接连接法
1—导电电极;2—压盖;3—冷却水箱;4—母线;5—铜水套;6—连接铝板;7—水管

电极与母线的两种连接方法,由于水冷却的方法不同,其连接结果差别较大,如果接触不良,就可能引起很大的电能损耗,占线路损失的 20%~50%。

接触电阻可由下式表示:

$$R = \rho \sigma \pi / 2pn \tag{2-3-3}$$

式中 ρ——材料的电阻率,$\Omega \cdot mm^2/m$;

p——接触点的压力，kg/cm^2；

σ——材料受压的破坏应力，kg/cm^2；

n——接触点的数目。

由此可见，材料的电阻率愈小，压力愈大，接触点的材料愈软，接触的数目愈多（即接触面加工好），接触电阻则愈小。

由于电流经过接触面而产生热量，接触点上的功率消耗量与接触电阻成正比，若导体的尺寸太小，温度可能升高，致使金属部分融化，导电电极则可能氧化。接触点的温度高低取决于对周围空间的散热条件。这就是水冷却的出发点。因此，接触导体的热导率愈高，体积愈大，则接触点连接处的温度愈低，从而允许的电流密度也就愈大。

据有关研究介绍，金属-炭素材料接触点的电阻为金属之间接触点电阻的 10~1000 倍。在设计时，应尽量避免采用复合式接触点，因其功率消耗大于直接接触点的功率消耗，若设计中不得不采用复合式，则应选电极、钢板、铜母线等。

C　电极的冷却方法及效果

冷却方法不同，其接触方式不同，而且影响接触质量。水冷却方式有：

（1）在母线与电极之间加一冷却水箱，如图 2-3-5（a）所示。

（2）与上相似，但接触面为圆柱面，如图 2-3-5（b）所示。

（3）在电极端部轴向中心钻一个圆孔，镶一个铝冷却筒。如图 2-3-6 所示，也可以在端部径向钻一个圆孔，让水流过。

（4）淋水冷却。

（5）直接用水内冷却电极。近似第（3）项方法的基础加以改变，导电电极钻孔，不放铝圆筒，让水直接流到电极孔内。

直接淋水冷却的方法简单易行，应用较广。但是，在接触处的电化学作用生成盐类和氧化物而使接触电阻增大，在通电前必须将接触点拆开并加以擦洗，淋在导电电极上的水常常会渗入炉头（尾）砌体缝隙内，这样造成端墙石墨块、电极的氧化，甚至使端墙附近的制品氧化，生产高纯石墨的炉子，

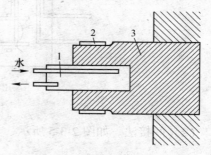

图 2-3-6　导电电极冷却
1—铝制冷却筒；2—母线；3—导电电极

更需防止渗水，当炉子是空心炉底时，温度又高，水一旦流到下面去，产生蒸汽，并进到炉芯，使制品氧化。通过实践，现在采用直接水内冷却的方法。

直接水内冷却，冷却效果好，而且节约大量的金属材料，同时，减轻操作人员的劳动强度，电极不易氧化，炉龄可延长，所以效果显著。

3.3.3　石墨化炉尺寸设计

石墨化炉至今没有一个比较合理的标准，结构相似，但各部位尺寸差别很大，有的设计是根据工厂产量确定一种规格的炉子，并选择合适的炉用变压器；有的工厂有现成变压器，生产产品也确定了，这时石墨化炉的尺寸只好配套设计。

石墨化炉的设计主要包括炉数、炉长、炉宽、电极截面面积或电流密度、炉芯长度设计等。

A 石墨化炉的个数 n 的确定

正如工艺上所介绍的，考虑到石墨化的工艺过程、操作方法的特殊性，往往需要多个石墨化炉配合操作，构成一个完整的石墨化工艺流程，所以大多数工厂都是由 4~7 个炉子构成一组石墨化炉。

一组炉子的作用如下：装炉、等候通电、冷却、出炉、修炉等环节有各自的作用，倘若更仔细考虑到通电时间约 50~90h，冷 120~150h（小炉子多些），也应有一定数目的炉子用于周转备用，否则，炉用变压器不能充分地发挥作用，工厂的生产能力也受到限制。

B 炉子的长度设计

根据产量来设计计算。电碳厂都是小型的炉子，长为 1~7m，装炉量为 0.4~2.0t；炭素厂炉子一般为 6~18m，装炉量达几吨至几十吨，甚至上百吨。

现在直流石墨化炉长达 20m。实践证明：变压器容量大，炉子愈长，则愈经济，因加长炉芯可以提高热效率和减少每吨石墨化电极的单位电能消耗量，具体数据如表 2-3-4 所示。表中数据，是在保护炉端墙、导电电极尺寸，以及侧墙、炉底、保温层厚度与横截面尺寸不变的情况下，从理论上计算取得的，该计算是以变压器容量为 2500kV·A 供电的工业炉的数据为依据的。

如表 2-3-4 所示，随炉芯长度的增加，炉效率提高，电能的单耗降低，但是，效率的提高只在一定的炉芯长度内，如不改变炉子的其他参数，而继续增加炉芯反而可能降低炉温，当改变供电变压器的容量时，最佳炉长也随之改变；最佳炉长随变压器容量的增加而增大。

表 2-3-4 石墨化炉的有效利用系数与炉长的关系

炉芯长度/m	装炉质量/t		炉芯电能单位消耗 /kW·h·t⁻¹	热效率 /%
	电极	电阻料		
4.5	4.9	2.8	7310	34.7
5.4	6.0	3.1	6720	36.6
6.3	7.1	3.5	6320	38.3
7.2	8.2	3.9	6000	39.8
8.1	9.3	4.2	5770	41.0
9.0	10.9	4.6	5620	41.8
12.9	125.2	5.3	5190	44.3
17.9	20.3	7.6	5000	44.5

因此，所确定的最佳炉长应与变压器的规定容量完全相适应。此外，炉子的极限长度还决定于厂房外形尺寸（宽度）和短网长度。

C 炉宽度设计

炉子的长度根据产品的最大长度来确定，除了产品尺寸太小，还要计算保温料层的厚度，以及侧墙的尺寸，这样可以确定出炉子宽度。

炭素厂石墨保温料厚 500~700mm，炉宽 3400mm；电碳厂石墨保温料厚 200mm，炉宽 1500~2000mm。

应根据以下关系来设计炉子长度与宽度：

（1）根据炉用变压器的电气参数，其中最主要的是最高与最低电压范围；二次电压变化级数；最高与最低的电流变化范围等；

（2）炉芯长度取决于电压变化范围，炉芯截面面积取决于电流变化范围；

（3）同时确定炉芯长度时，必须考虑到石墨化产品和电阻料的电阻系数的大小；确定炉芯截面面积时，应该结合产品的几何尺寸与装炉方法，一并考虑；

（4）最后确定尺寸时，应考虑到保温料如砂焦、炭黑等的导热系数不同，从而确定保温料层的厚度，500~700mm。

D　电极截面面积或电流密度设计

若以炉芯截面面积电流密度来计算所需的电流值，则最大电流密度为 1.4~4A/cm^2 时，可以达到必需的石墨化温度。

对于纯度要求不高的制品，如一般电极产品，其最大电流密度为 1.4~2.0A/cm^2。

对于小型石墨化炉，一方面因单位面积散热较大，要求的石墨化温度有高有低，电流密度应该大些；另一方面，所需电流密度和炉内实际达到温度也视炉子的保温效果，即炉芯电阻而定。最大电流密度一般不超过 3A/cm^2，低的为 1.1~1.3A/cm^2。

E　石墨化炉容积设计及炉芯电阻率确定

根据一些生产厂的数据得知，炉子的容积与炉用变压器的关系：每 1m^3 炉子容积应达到 140~150kW 的炉变容量，大型直流石墨化炉有的已达 165kW。

炉芯长度计算：大型电极石墨化炉，炉芯电阻系数为 6000~10000Ω·mm^2/m，通电结束时为 400~500Ω·mm^2/m；小型电碳制品石墨化炉，炉芯电阻系数为 8000~12000Ω·mm^2/m，通电结束时为 350~450Ω·mm^2/m。

F　炉芯长度设计

由于装炉操作的原因以及制品、电阻料的变化，炉芯电阻系数常有变化，因为炉内电阻为：

$$R = \rho L/S \qquad (2\text{-}3\text{-}4)$$

可见，电阻 R 大小与炉芯的长度 L 成正比，与炉芯截面面积 S 成反比，比例系数即为炉芯的电阻系数。

由式（2-3-4）可得炉芯长度为：

$$L = RS/\rho \qquad (2\text{-}3\text{-}5a)$$
$$L = VS\cos\phi/I\rho \qquad (2\text{-}3\text{-}5b)$$

在交流电路中电阻为：

$$R = V\cos\phi/I \qquad (2\text{-}3\text{-}6)$$

式中功率因数 $\cos\phi$ 是衡量电气设备效率高低的一个系数。功率因数低，说明电路用于交变磁场转换的无功功率大，增加了线路供电损失。

举例说明：当炉用变压器的最大电流为 10000A 时，设电压为 44V，功率因数 $\cos\phi$ = 0.6，炉芯电流密度为 2A/cm^2，炉芯电阻系数为 450Ω·mm^2/m 时，炉芯截面面积为 S = 10000/2 = 5000cm^2 或 5×10^5mm^2，代入式（2-3-5b），得到炉芯长度 $L = 44\times5\times10^5\times0.6/$

（10000×450）= 2.94m 。

实际上，因温度上升等原因，根据石墨化特性，电阻系数有可能降低，炉芯长度可延长为3~4m，炉芯截面面积为正方形或矩形，故由 S 值可求解炉芯尺寸，可根据经验数据，即炉子每米长其电压降为10.8~11.0V，对于小炉子，电压降为12.0V，由此也可确定炉子长度或炉变压电压级数。

G 炉子的外形长度、宽度的复核设计

有了上述炉芯尺寸之后，把导电电极、端墙尺寸加上，这样，外形长度即可确定。外形宽度也只是加上保温料层厚、侧墙、支撑骨架的尺寸，炉子的宽度也确定了，可复核炉子的长和宽。

3.3.4 设计计算

对于工业炉，导电电极的长度根据炉端墙厚度以及导电电极与母线的连接结构来确定，端墙厚约1m。电极端伸出炉头内墙100~150mm，端墙厚度根据热工计算求出的炉头端墙最低热损耗确定。

当炉子工作时，对端墙产生较大的膨胀力，端墙必须有抗衡此力的能力，这是计算端墙尺寸时的关键，端墙尺寸与导电电极规格有直接关系。

3.3.4.1 最适宜的电极长度可按盖林格公式计算

$$L = (1/4i)\left[2k(T-t)/p\right]^{1/2} \tag{2-3-7}$$

式中 i——电极的电流密度，A/cm^2；

k——电极的导热系数，W/cm^2；

p——电极的比电阻（每 $1cm^2$ 圆柱体高 $1cm$ 方向的电阻），$\Omega \cdot cm$；

$T-t$——电极两端的温差，℃。

上式是根据以下理由建立的：电极不仅是电网到炉子的导电体，而且也是导热体，热量沿电极从炉中传出，随着电极长度的增加，电损耗也增加；相反，热损耗却减少，当电极的热损耗与电损耗相等时，电极的损耗为最低，在电损耗与热损耗相等时，最佳电极长度为1300mm。

3.3.4.2 石墨化炉的物料平衡和热、电平衡

A 物料平衡

按工业炉进行平衡试验时取得的实际数据编制的石墨化炉的物料平衡如表2-3-5所示。

表 2-3-5 石墨化炉的物料平衡

加 入			产 出		
装入炉中物料	质量/kg	占比/%	从炉中卸出物料	质量/kg	占比/%
电极	28196	35.8	石墨化电极	27934	35.4
炉底料（炉底垫层）	11800	15.0	电阻料和保温料	42000	53.2
电阻料	8800	11.2	水分的蒸发	4760	5.93

加　　入			产　　出		
装入炉中物料	质量/kg	占比/%	从炉中卸出物料	质量/kg	占比/%
保温料	30000	38.0	木屑燃烧	900	1.15
			保温料外部烧损	3000	3.81
			电阻料灰分的蒸发	470	0.60
			电极烧损	262	0.33
			平衡误差	570	-0.67
共　　计	78796	100.0	共　　计	78796	100.0

B　石墨炉热平衡

石墨化炉的热平衡如表 2-3-6 所示。

表 2-3-6　石墨化炉热平衡

平衡项目	热量 /kcal	电能 /kW·h	电能消耗/%	
			占总消耗	占炉芯消耗
热收入				
高压侧之电能	121000×10³	140000	100	—
通入炉芯的电能	92000×10³	106400	76	100
热支出				
加热电极	27800×10³	32200	23	30.2
热炉底垫层	6570×10³	7600	5.41	7.15
加热电阻料	8650×10³	9950	7.1	9.42
加热保温料	12830×10³	14850	10.60	13.96
加热炉底	2070×10³	2400	1.71	2.25
中热侧部炉墙				
固定的	1490×10³	1700	1.23	1.62
临时的	1040×10³	1200	0.86	1.13
加热炉头端墙	2400×10³	2740	2.0	2.6
蒸发的水分	2980×10³	3460	2.47	3.24
电的损失	29000×10³	33600	24.0	—
炉表面热损失（按差数）	26170×10³	30300	21.62	28.4
共　　计	121000×10³	140000	100.0	100.0

石墨化炉热效率，是按加热制品所消耗的有效热量与通电时的总热量消耗的比值计算的，即 $\eta_{热} = Q_{有}/Q_{总} \times 100\%$ 。

从图 2-3-7 石墨化炉热平衡可以看出，艾奇逊石墨化炉是热效率比较低的工业电阻炉，加热整个炉芯的热量仅占 39.65%，若除去加热电阻料的热量消耗，炉芯制品得到的热量仅为 30.2%。在工业艾奇逊石墨化炉生产中，由于受各种因素的影响，石墨化炉的热效率实际上更低，最大的热损失是石墨化向周围介质散失的热量，高达 28.4%，同时加热保温料、炉底、炉头尾端墙及侧墙也消耗一部分热量。

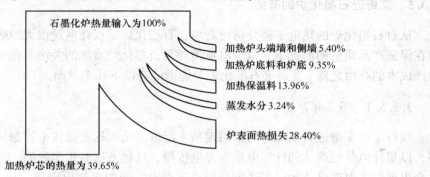

图 2-3-7　石墨化炉的热量平衡

艾奇逊石墨化炉的生产是间歇性作业，一个生产周期内从低温升到高温，又从高温冷却到低温，通电时，真正使产品加热升温所用的热量是很少的一部分，绝大部分热量通过传热、对流、辐射等方式损失掉了。

在炉子热平衡中，向周围介质的热耗占比非常大（20%~26%）。生产实践证明：在炉子开始通电后，仅经过 40~50h，保温料及炉墙上部就已经被加热到数百摄氏度，从此时开始向周围介质大量散热，在通电结束时，向周围介质散热最强烈，此时炉墙和保温料表面是红的。计算表明，散失于周围介质热量占 55%~75%，或者相当于送入炉中总能的 10%~14% 是在通电的最后几小时散失掉的。

因此应指出，缩短石墨化通电时间是节电的最大源泉。

C　石墨化炉的电平衡

根据不同厂家进行的平衡测试确定，在石墨化炉通电过程中，全部设备（变压器、石墨化炉）的电效率是在很大范围内变化的：从能电开始时的 70%~80% 到通电结束时的 50%~55%，平均在 75% 左右。对于艾奇逊石墨化炉进行电气平衡的计算，有助于找出电能主要消耗在什么地方，主要损失在哪些环节上，可采用哪些有效措施节约电能。石墨化炉供电网路电平衡见图 2-3-8。

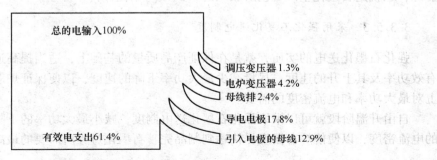

图 2-3-8　石墨化炉的电平衡

从图 2-3-8 可看出，100% 的电能收入到达石墨化炉芯的有效电能输入仅 61.4% 左右，从供电设备方面看，变压器要消耗一定的电量，除变压器外，从变压器低压侧到炉芯的电路各部位都要消耗不少电量,最大的电能损耗量在炉头导电电极上,高达17.8%,从主母线接到导电电极端面上的短网母线损耗量也很大,达到了12.9%。

3.3.5　艾奇逊石墨化炉的节能

从对石墨化炉的热电平衡分析可看出,石墨化炉是消耗电量很大的热工设备,因此如何在保证产品质量的前提下,减少电量消耗是石墨化炉节能的关键所在,也是降低石墨化生产成本的必由之路。艾奇逊石墨化炉节能措施有以下几个方面。

3.3.5.1　石墨化炉芯温度控制

现行工业艾奇逊石墨化炉均采用定功率配电的功率送电曲线来控制炉芯温度的上升速率,以累计电量最终达到计划电量为停电依据,这种方法有很多缺陷,也不科学。有时经常会出现炉芯温度已达到,可送电量按规定尚未完结的多送电现象,极大地浪费了电量,达不到节能的目的。或者相反,炉芯的温度还没有完全达到制品完成石墨化过程所需的高温,而送电量已经达到计划电量而停炉。

理想的停电方式应根据炉芯温度来确定在石墨化炉侧中部找出一个适宜点,安装测温观察孔,通过测温仪定期观察石墨化炉送电过程中各阶段的温升速度,就可以减少热量损失,节约电量,达到石墨化炉的节能目的。

3.3.5.2　确定合理的石墨化通电周期

艾奇逊石墨化炉的最高温度是由变压器的最大输出电流,经石墨化炉芯电阻转化成的热量,与石墨化炉本身散失的热量相平衡而得到的。石墨化炉的炉芯电阻主要是由电阻料提供的,石墨化炉开始通电时,电阻料的电阻约占炉芯电阻的99%左右,通电结束后,电阻料的电阻还占炉芯电阻的97%左右。在整个石墨化过程中,热量主要是由电阻料传入制品的,进入制品的电流比率很小。

对于艾奇逊石墨化炉,要根据制品的品种、规格及质量状况来决定采用的电阻料类别,确定合理的石墨化工艺技术条件、功率送电曲线和电量,在保证产品质量的前提下,尽可能缩短石墨化炉通电周期,提高石墨化生产效率,降低石墨化工艺电量消耗,以节约能源,也就是石墨化生产工艺所服从的“高效与低耗并行”原则。

3.3.5.3　采用强化石墨化送电制度

强化石墨化送电的实质,就是在保证产品质量的基础上,适当提高通入石墨化炉内的有效功率及其上升的速度,尽量减少最大功率下降的速度,以便保证炉芯单元体积及面积上对最大功率和电流密度的需要。

自由升温阶段就可以采取强化石墨化送电制度,减小最大功率的下降速度,增大炉芯的电流密度,以便使炉芯温度尽快达到制品完善石墨化过程所需要的最高温度。

3.3.5.4　缩小炉芯制品组间距

艾奇逊石墨化炉通常采用炉芯制品立装法,这种装炉方法比较简便、省力且生产效率高,特别适合大中规格制品的石墨化生产。炉芯制品组间距一般为制品直径的20%左右,这也不尽合理。若炉芯制品组间距过大，则石墨化炉芯的制品装炉量就低，石墨化炉所消耗的辅助原料也多，制品的石墨化工艺电能消耗也高。如果在保持石墨化炉芯截面不变的前提下，改进石墨化装炉工艺技术条件，适当缩小炉芯制品的组间距，在确保产品质量的同时，还可以达到石墨化炉增产、节焦、节电的目的。

3.3.5.5 适当扩大炉芯截面

艾奇逊石墨化炉的炉芯截面是炉中制品与其间填充的电阻料占据空间的截面面积，同样，炉芯电流密度是指单位炉芯截面上的电流值。通常某一组石墨化炉在实际生产中，允许的最大炉芯截面和最小炉芯电流密度应是一个额定值。一般大直流石墨化炉的炉芯电流密度为 $1.4 \sim 2.5 A/cm^2$，在生产操作符合工艺技术规程要求，不影响产品质量和确保炉芯电流密度的基础上，就可以适当扩大炉芯截面面积，以达到石墨化炉增产节能的目的。

3.3.5.6 增强保温料的保温效果

艾奇逊石墨化炉的保温料在石墨化送电过程中起到保温和电绝缘双重作用。保温料的保温效果在很大程度上决定了石墨化炉热能利用效率，最终决定制品在石墨化时的工艺电耗。

（1）采用热导率低的保温料配比。
（2）用于石墨化生产的冶金焦粉、石英砂必须符合其技术标准要求。
（3）保温料中水分的含量要低，不能超过5%。

3.3.5.7 加强石墨化炉维护与检修

艾奇逊石墨化炉是石墨化工序的主要生产设备，是制品在石墨化炉芯完成石墨化过程的关键所在。因此，石墨化炉体及母线短网的完好程度与保证产品质量、降低石墨化能源消耗有密切关系。

3.3.5.8 石墨化炉的余热利用

众所周知，艾奇逊石墨化炉炉芯温度从室温达到石墨化的最高温度，需要消耗大量的电能，石墨化炉停电后，就处于冷却降温阶段，此时石墨化炉芯与外壳的温度均很高，必须采取适当的措施使炉温迅速下降，以便于出炉。在此过程中，石墨化炉芯温度从2000℃左右降到室温，需释放出大量的热量。如何有效利用这部分能量，减少能源浪费，是现行工业艾奇逊石墨化炉节约能源的一个难题，也是碳-石墨制品生产中节能降耗的又一个研究课题。

3.3.6 直流石墨化

直流石墨化是以炭素焙烧品和电阻料为炉芯，通入直流电，生产人造石墨制品的一种电阻炉。由于炉芯的电阻（主要是电阻料的电阻），电流流过时电能即转变为热能，而将炭素焙烧品加热到 2000~3000℃ 的高温，完成石墨化过程而成为人造石墨。它与交流石墨化炉都同属于艾奇逊炉。

20世纪60年代，直流石墨化技术在欧美发达国家开始发展起来。它与交流石墨化炉比较，具有容量大、产品质量好、能耗低等显著优点，因而引起世界各国的普遍兴趣和关注。中国直流石墨化炉的起步稍晚。1972 年 10 月北京炭素厂用 3000kV·A 整流变压器配 9m 的炉子，首先应用在生产上，与交流炉相比，不仅送电时间短，而且节电 25% 以上。

炉子结构及特点：直流石墨化炉和交流石墨化炉除了供电设备不同外，炉子本体的结构完全一样。直流石墨化炉的供电设备由三相交流主调和一变压器及相应的整流设备组成。以直流电的方式向炉子供电具有以下优点：

（1）由于采用的供电变压器是三相的，对电网不会产生三相负荷不平衡的影响。可以增大变压器的容量，可强化石墨化工艺，增大石墨化炉容量。

（2）整个供电线路上的功率因数较高，达到 0.9 以上，对电能的有效利用率得到提高。

（3）直流电没有交变磁场和电感损失，也没有表面效应及临近效应等电的损失，所以电效率较高。

3.3.7　其他石墨化炉

3.3.7.1　内串石墨化炉

内串石墨化炉是一种不用电阻料的内热式加热炉，如图 2-3-9 所示。电流通过产品产生的焦耳热，几乎大部分加热了产品，所以产品温度比较均匀。这种炉子的工艺特点要求电流密度高，比艾奇逊高 15～25 倍。由于产品自身加热快，高温时间短，所以电损小，热损少，工艺本身不用电阻料，简化了工艺操作。炉芯温度可达 2700℃ 以上，石墨化程度高。能量利用率达到 49%。这种炉子只适合于石墨化大规格产品生产，并且要用针状焦生产超高功率石墨电极。

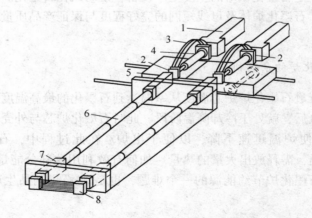

图 2-3-9　串接石墨化炉基本结构

1—铝汇流排；2—铜接触板；3—大电流电缆；4—液压千斤顶；5—活动炉头电极；
6—待石墨化电极；7—固定炉头电极；8—电机焊接

与艾奇逊石墨化炉相比，内热串接石墨化炉的主要优点有：

（1）加热温升快，从开始通电至达到石墨化高温只需 7～16h。

（2）电耗低，以同样品种，同一规格制品做比较，每吨石墨化品的耗电量比艾奇逊石墨化炉节省30%左右。

（3）制品石墨化程度均匀。

（4）不用电阻料，降低了生产成本。

串接式炉的应用已在当今工业生产中取得突破，而且在节约能源，提高产品质量、缩短生产周期，改善操作环境等方面均优于艾奇逊炉，欧美国家及日本等国均已应用于工业性生产。中国也对内热串接式炉的工艺和设备，进行了大量的理论研究和试验探索，并已经取得初步的研究成果，为串接石墨化技术的开发奠定了基础。

3.3.7.2 "Π"形石墨化炉

"Π"形石墨化炉实际上是将两台艾奇逊石墨化炉合并后串联的一种新炉型，如图2-3-10所示。这种炉子由于导电电极都在炉子的一侧，所以省去了一般石墨化炉两侧必需的移动母线排，因此节约电能。它的缺点是中间炉墙容易损坏，且全炉产品质量不均等。

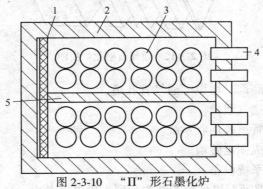

图 2-3-10　"Π"形石墨化炉

1—石墨块砌体；2—炉墙；3—装入产品（立装）；4—导电电极；5—隔墙

3.3.7.3 间接加热的石墨化炉

间接加热的石墨化炉中，待石墨化炭制品不与电源直接接触，加热到石墨化温度所需的热量是通过感应途径从另一个发热体传递过来的。最简单的间接加热石墨化炉如图2-3-11所示。这是一种用焦粒作电阻的发热体的管式炉。待石墨化产品可连续通过一根埋在焦粒中的石墨管而实现石墨化。炉体尺寸为$1m^3$，石墨管的内径只有50mm，长2m。通电后，石墨管的中心部位温度可达到2500℃。这种炉子只能生产小规格产品，待石墨化产品要借助外力推动并以一定速度连续通过石墨管。

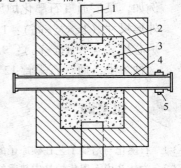

图 2-3-11　间接加热石墨化炉

1—导电电极；2—炉体外墙；3—焦粒电阻料；4—炉管；5—冷却水管

3.3.7.4 通气石墨化炉

随着科学技术的发展，对炭素石墨制品纯度的要求愈来愈高，一般低熔点杂质在普通石墨炉可以除去79%～90%，但有些难容杂质（如硼、钒）就必须在石墨化过程中通氟（二氟二氯甲烷CCl_2F_2）、氯等气体才能除去。

经通气处理，产品中的灰分可降低到原来的1/300。

因此，在一般的石墨化炉的基础上，进一步提出了石墨化通气炉，从国内各厂情况来看，通气石墨化炉的结构与普通石墨化炉的结构有一定差别（如图 2-3-12 所示）：

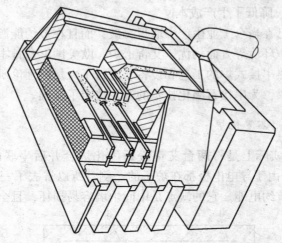

图 2-3-12　通气石墨化炉简图

（1）在一侧炉墙的底部，增设了通气管孔道。

（2）炉墙中间留有逸气泄缝。

（3）有毒气体排出管道及回收系统。

（4）炉侧墙大多砌成固定砖墙。

（5）一整套的供气系统设备。

其他部分的结构与普通石墨化炉的结构相同，供电设备也一样。

例如，某厂通气石墨化炉尺寸为：

外形尺寸（长×宽×高）：11.64m×80m×2.71m

炉芯尺寸（长×宽×高）：9.44m×2.77m×1.30m

这种炉子，通气石墨管 12 根，装炉量 16t。

 思考题

2-3-1　石墨化与焙烧工艺在碳原子的结构上有什么区别？

2-3-2　为什么说石墨化炉是内热源的电阻炉？

2-3-3　艾奇逊石墨化炉的结构组成有哪些？

2-3-4　直流石墨化炉与交流石墨化炉相比，具有哪些优势？

2-3-5　内串石墨化炉的工作原理及特点是什么？

2-3-6　艾奇逊石墨化炉的节能措施有哪些？

4 碳-陶制品烧结炉

4.1 概 述

碳-陶制品生产工艺较简单，压粉经过成型，得到半成品，将其放入热处理设备进行烧结，这样可以得到符合性能要求的制品，不像纯碳制品还要石墨化。

烧结温度一般不高，低于金属的熔化温度。根据烧结工艺特点，采用的烧结炉结构也不复杂，生产上选用两种炉型：箱式电炉与连续电炉。箱式电炉，可以直接选购，其技术规格见表2-4-1。

表 2-4-1 箱式电炉技术规格

型 号	ZKR-9-12	TX-50	PJX-14-13	RJX-37-13
功率/kW	9	50	14	37
温度/℃	0~1300	0~1300	1350	1350
电压/V	0~300	0~380	220/380	380
相数	单相	3	1/3	3
炉膛尺寸 /mm×mm×mm	ϕ120×1230		520×220×220	810×550×375
生产能力 /kg·h^{-1}		130		
外形尺寸 /mm×mm×mm	1590×840×1490		1280×1107×1635	1700×2360×1990
发热体 /mm×mm			ϕ14×200，12 根硅碳棒	ϕ×400，18 根硅碳棒

连续电炉，外形像隧道窑，但内部结构较简单，目前国内用的连续电炉有长 30m、16m、12m、4m 等。对于 16m 长电炉，炉内可容纳小窑车 34 车，车的尺寸：460mm×360mm×460mm，车位与烧结阶段大致可分为 15 车挥发带、4 车烧结带、15 车冷却带。

待烧制品放入铁制坩埚内，用填料（或不用填料）埋装在小窑车上送入炉内烧结。填料有炭素粉末与硅砂。现在对制品的性能、质量都有更高要求，所以真空烧结或者遇到惰性气体（氮、氩等）与还原性气体（分解氨、煤变等）进行烧结，根据实际生产效果，产品质量有较大改善。

4.2　烧结炉设计及功率计算

4.2.1　烧结炉的结构

烧结炉是一种在高温下，使陶瓷生坯固体颗粒的相互键联，晶粒长大，空隙（气孔）和晶界渐趋减少，通过物质的传递，其总体积收缩，密度增加，最后成为具有某种显微结构的致密多晶烧结体的炉具。烧结炉主要用于陶瓷粉体、陶瓷插芯和其他氧化锆陶瓷的烧结，金刚石锯片的烧结，也可用于铜材，钢带退火等热处理。

常见的烧结炉有粉末冶金烧结炉、氢气保护连续式与立式多槽连续电炉。烧结炉炉体结构通常包括发热元件、加热炉床、气氛进出口、冷却系统、燃烧器等。

4.2.2　发热体选择

烧结温度因产品组件不同而异，Ts-2 在连续电炉内烧结最高温度控制在 940~950℃，T-1Ⅰ 为 970~980℃，TS-64 为 870~880℃等。炉内温度取决于发热体。

作为发热体及其制造材料应符合下列要求：

（1）为了保证较小的发热体产生较大电阻，则要求发热体具有较高电阻率。

（2）具有较小的电阻温度系数。炉子在初期加热期间及正常工作期间的容量和电流有差别，若此值小，则差别不大，电阻随温度升高而增大，因此，在冷炉开始加热时，所用的容量和电流均高于正常温度时炉子所用的容量和电流，因为自行变化增加了操作上的困难。电阻温度系数愈小，在高温下温度变化（如上升）不致产生炉子电功率的变化；若系数大，如钼，当温度升高时，钼的电阻大好几倍，电功率也随着降低。要保持功率不变，必须由变压器来调整。

（3）具有足够的耐热机械强度。

（4）高温下耐氧化。

（5）材料来源广，成本低等。

箱式电炉与连续电炉的热源是电磁，发热体一般有金属材料与非金属材料。

4.2.2.1　非金属材料

常见的有硅碳棒、碳粒、石墨块等。通常炉温在 1200~3000℃ 以上选用。其中最常用的是硅碳棒。

硅碳棒是用高纯度绿色六方碳化硅为主要原料，按一定料比加工制坯，经 2200℃ 高温硅化再结晶烧结而制成的棒状、管状非金属高温电热元件。氧化性气氛中正常使用温度可达 1450℃，连续使用可达 2000h。

硅碳棒使用温度高，具有耐高温、抗氧化、耐腐蚀、升温快、使用寿命长、高温变形小、安装维修方便等特点，且有良好的化学稳定性。

硅碳棒的电阻与温度成反比。但它的热电阻在 900℃ 左右又由负转变为正。这一特点可以防止硅碳棒元件因电压骤增而被破坏。在使用 60~80h 后，其电阻增加约 15%~20%，以后则缓慢增加，此现象称为"老化"。因此，在电压稳定状态下，将使电流减小，功率降低，为了保持一定温度，必须增高电压，所以常配有调压变压器。

4.2.2.2　金属发热体

它由金属与合金制成。纯金属制成的发热体具有很高的电阻温度系数：$\alpha_t = (4~15) \times 10^{-3}$，应用时需要调整电压。合金具有较低的电阻温度系数 $\alpha_t = (0.10~0.3) \times 10^{-3}$，因此用来制作发热体。电阻温度系数，是指当温度每升高 1℃ 时，电阻增大的百分数。

例如，炉温为 1300~1400℃ 的试验炉（高温显微镜等）采用直径为 0.3~0.5mm 的铂丝或 0.07mm 厚的铂箔。工业炉不采用此发热体，因材料稀少，价格贵。炉温为 1600~2500℃ 的试验炉及小型工业炉采用钼、钨、钽为发热体。为了防止这种材料氧化，加热时需要采用保护性气氛，或者真空炉。炉温较低者，大多选用镍铬合金、铁铬铝合金、铬铝合金、1 号合金、2 号合金、3 号合金等。

表 2-4-2 列出了几种常见发热体的参数。铁铬铝合金的参数见表 2-4-3。

发热体根据炉温及工作条件进行选择。此时，应考虑到发热体本身的温度比炉温高出 50~150℃，有传热挡板时，温度差还会更高。

表 2-4-2　电阻发热体参数

合金名称	成分（质量分数）/%	密度 /g·cm⁻³	温度电阻 系数/×10³	比电阻 /Ω·mm²·m⁻¹	最高工作 温度/℃	应用气氛
铂（丝、箔）	Pt100（标量）	21.4	4	0.1	1400	空气
钼（丝、带、棒）	Mo100（标量）	20.0	5.5	0.045	2200	真空或氧气下
钨	W100（标量）	18.7	5.5	0.05	2500	真空或氧气下
铂-铑合金（丝）	Pt60，Rh40 等				1540	空气
钽（丝、带、棒）	Ta100（标量）				2000	真空
硅碳棒（棒、管）	Si　C 加黏合剂				1400~1600	空气
硅化钼（棒）	MoSi₂				1700	空气
稳定化的氧化锆	ZrO₂100（标量）				2400	空气
碳、石墨（管、棒等）	C 100（标量）				2500~3000	真空、中性或还原
镍铬合金	Cr15-18，Ni55-61，Fe 等	8.4	0.1	1.10	1000	空气
镍铬合金	Cr20-23，Ni75-78 等	8.4	0.1	1.15	1150	空气
1 号合金	Cr16-19，Al4-6，Fe 等	7.1	0.08	1.25~1.35	1000	空气
2 号合金	Cr23-27，Al4.5-6.5，Fe 等	7.0	0.05	1.4~1.6	1200	空气
3 号合金	Cr12-15，Al3.5-5.5，Ti0.6，Fe 等	6.9		1.45~1.6	1350	空气
铁铬铝合金	Cr12-15，Al3.5-5.5，Fe 等	7.4	0.1	1.25~1.36	850	空气
镍铜合金	Cu37-60，Ni30-40，Mo 等	8.7	0.05	0.44~0.52	500	

表 2-4-3　铁铬铝合金参数

合金性能		牌号	铬 13 铝 4 Cr13Al4	0 铬 25 铝 3 0Cr25Al3	0 铬 13 铝 7 钼合 2 0Cr13Al7Mo2	0 铬 27 铝 7 钼 2 0Cr27Al7Mo2
化学成分（质量分数）/%	主成分	铬　Cr	12～15	23～27	12.5～14	26.5～27.8
		铝　Al	3.5～5.5	0.5～0.6	5～7	6～7
		钼　Mo	—	—	1.5～2.5	1.8～2.2
		铁　Fe	余	余	余	余
	杂质（不大于）	碳　C	0.2	0.06	0.06	0.05
		锰　Mn	1.7	0.7	0.7	0.2
		硅　Si	1.0	0.6	1.0	0.4
		磷　P	0.030	0.030	0.030	0.035
		硫　S	0.025	0.025	0.025	0.025
	添加剂	钛　Ti	—			
		稀土　RE	适量	适量	适量	适量
	元件最高使用温度/℃		1000	1250	1300	1400
物理性能	密度/g·cm^{-3}		7.4	7.1	7.2	7.1
	比电阻/Ω·mm^2·m^{-1}		1.26±0.08	1.4±0.1	1.4±1	1.5±0.1
	电阻温度系数/×10^3℃$^{-1}$		15	5	8	−0.65
	膨胀系数（20～1000℃）/×10^3℃$^{-1}$		15.4	16	15.6	16.6
	热容/cal·(g·℃)$^{-1}$		0.117	0.118	0.110	0.118
	导热系数/kcal·(m·h·℃)$^{-1}$		12.6	11.7	11.7	10.8
	熔点/℃		约 1450	约 1500	约 1500	约 1520
力学性能	抗张强度/kg·mm^{-2}		60～75	65～80	70～85	70～80
	伸长率/%		15～20	15～20	>12	>12
	断面收缩率/%		65～75	60～75	65～75	65～75
	弯曲次数/次·R^{-1}		>5	>5	>5	>5
	硬度（H）		200～260	200～260	200～260	200～260
组织状态			铁素体	铁素体	铁素体	铁素体
磁性			有	有	有	有

4.2.3　发热体的形状及布置

发热体具有足够的电阻，才能保证产生所需的电功率；具有足够的表面，以便热量的发射，发热体的温度不得超过炉子耐火材料的允许温度，并低于材料规定的最高使用温度。

4.2.3.1　金属发热体的布置

金属发热体主要用金属丝制成螺旋状和带状。

　　炉内发热体的设计应当满足加热烧结过程的要求。如果要求在炉子整个炉膛长度上均匀加热，那么发热体在整个炉子内表面上应当尽可能均匀地布置；如果仅在炉子的某一段进行强化加热，那么在这段可多布置一些发热体。发热体装置在炉墙内表面和炉底上。当炉子很宽并且炉膛不高时，也可装在炉顶上。

　　金属发热体装置在炉子内表面上做成螺旋形或带形，而且是回线状布置，垂直的回线状的布置法较多采用。上排绝缘子支持着带状发热体，而下排绝缘子的作用是为了防止各个回线加热膨胀时互相接触，绝缘子是瓷质的，既耐高温也绝缘。用镍铬合金棒做直钩钉在垂直炉墙上固定发热体。同时也需绝缘子进行隔离。

　　镍铬合金丝制成的螺旋形发热体借助特殊的黏土砖固定在侧墙上，或者在炉膛周围的黏土砖的孔内。

4.2.3.2　硅碳棒的布置

　　硅碳棒若装在炉膛两侧，则炉膛高度应该正好为硅酸棒中间发热部分的长度值，两头连接部分架在炉墙孔洞中，并伸出一部分在炉墙外以便夹器接通电源线。同样，装在炉顶，炉膛宽度与发热部分长度相等，所以炉膛尺寸设计后，在选择并确定碳棒后仍要合理调整炉膛尺寸。

4.2.4　功率计算

4.2.4.1　电阻炉的功率分配

　　电阻炉功率分配的原则是保证炉内温度均匀，按工艺要求分区分布炉温。

　　对于箱式电阻炉的功率分配应满足以下条件：

　　(1) 小箱式炉，电热元件一般布置在炉侧壁和炉底，有的也安装在炉顶。

　　(2) 较大的箱式炉，炉门口端 1/4~1/3 的部位应适当加大功率，或在炉门上另装一组电热元件。

　　(3) 电热元件引出杆常从炉后壁引出，后壁不便布置元件。

　　(4) 一般热处理炉，单位炉壁上的功率负荷控制在 $15 \sim 35 \mathrm{kW/m^2}$。

　　对于连续作业电阻炉，加热区的功率应当是最大，均热区的功率降低，保温区的功率最小。

4.2.4.2　电阻炉的电压选择

　　(1) 一般电阻炉均采用车间电网电压，即 380V 供电，只有部分小型炉采用 220V。

　　(2) 当电热元件表面功率负荷相同时，采用较高的电压，可降低电热元件的总质量，但此时电热元件较细长，在炉膛内较难布置。

　　(3) 电阻炉在以下几种情况下需要调压、降压供电：

　　1) 采用硅碳棒作电热元件，需调压供电，适应电热元件使用中不断老化的情况；

　　2) 吸热型可控气氛炉：在此气氛下，炉壁会沉积炭黑，电压较高时，靠近壁面的电热元件易透过炭黑沉积层，发生短路；

　　3) 电阻温度系数较大的电热元件，需配调压器；

4）真空炉内采用电阻较小的炭质电热元件，且为防止发生真空放电，采用低压（小于 100V）。

4.2.4.3　电阻炉接线形式的选择

选择电阻炉接线形式的一般原则：

（1）尽量保持三相平衡。除功率较小（小于 25kW）的炉子外，可采用单相供电，均用三相供电；炉子功率 25～75kW，采用星形接法；炉子功率大于 75kW，分两组或多组的星形和三角形接法。星形和三角形接法如图 2-4-1 所示。

（2）每组元件的功率要适中，通常每组功率为 30～75kW。

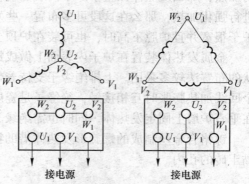

图 2-4-1　星形和三角形接法

（3）保护电热元件。

（4）使用中改变接法。

4.2.4.4　硅碳棒的连接

硅碳棒电阻与金属丝不同，随着温度上升，其电阻逐渐下降。高温电阻只有常温电阻的 1/2 左右，设计时就是将常温电阻的 1/2 作为设计电阻。但在使用过程中，硅碳棒又会老化，即电阻又逐渐增高。如果接法不变，就要逐渐提高使用电压，最终将烧断。若把老化的碳化棒与电阻较小的碳化棒串联使用，则在电阻较大的碳化棒上产生较大的功率，愈趋老化；若并联使用，小电阻的碳化棒上功率较大，会使并联的元件使用寿命趋于一致。为此，一定时候，可以改变它们的接法。在单相变压器的情况下，一般方式，新棒串联多，并联少，以后改为串联少，并联多。

在三相变压器的情况下，新棒星形接法，以后改为三角形接法，也可以在每相中先串联后并联。星形接法，线电压为 380V，则每相电压只有 220V，三角形接法，相电压等于线电压，都是 380V。

现举例说明：单相 220V 时，炉子功率为 5kW、10kW、15kW 时，硅碳棒的接法如何才能使电阻达到要求数值？

简单的方法：根据 $I = \dfrac{U}{R}$，又 $P = VI$，故 $R = \dfrac{U^2}{P}$。代入各数据可得：$R = 9.6\Omega$、4.8Ω、3.2Ω。若 3 根硅碳棒串联时，则 R 等于各棒电阻之和；若并联，R 的倒数等于各棒电阻倒数之和。

选择硅碳棒时，同一炉的硅碳棒，电阻应该相差很小，如果相差大，则局部硅碳棒过早老化与烧坏。下面举例说明 3 根电阻不同的硅碳棒串联时，假设 1 根棒电阻最大 R_1，R_2 次之，R_3 最小，因此：各棒功率为：

$$P_1 = I^2 R_1 \quad P_2 = I^2 R_2 \quad P_3 = I^2 R_3 \tag{2-4-1}$$

串联时电流相同，1 根棒电功率最大，故最易烧环。新棒与旧棒混合使用，旧棒易烧断也是这一原因。如果 3 根电阻不同的棒为并联，则

$$P_1 = \frac{U^2}{R_1} \quad P_2 = \frac{U^2}{R_2} \quad P_3 = \frac{U^2}{R_3} \tag{2-4-2}$$

由此可见，电阻最小的那根棒（R_3）电功率最大，电流最大，最易老化。

4.2.4.5 硅碳棒的计算

A 计算步骤

（1）根据炉膛形状、尺寸，选择根数 N。

（2）根据炉子总功率 P_Q，算出每根硅碳棒所需功率：

$$P = \frac{P_Q}{N} \tag{2-4-3}$$

（3）根据炉子内部尺寸及布置，确定硅碳棒加热部分长度：

$$L = \frac{U^2 \pi d^2}{4P\rho} \times 10^{-3} \tag{2-4-4}$$

式中，ρ 为硅碳棒的电阻率，可得 d 值（硅碳棒直径）。

（4）从表 2-4-4 中查得相似（大些）尺寸的硅碳棒规格。

（5）由参数知电阻及 P，再由 $R = \frac{\rho L}{\frac{\pi d^2}{4}}$（Ω），$P = \frac{U^2}{R}$，可得 $U = (PR)^{\frac{1}{2}}$（V），或根据 P

的大小，在表 2-4-4 中查得硅碳棒尺寸。

表 2-4-4 硅碳棒技术指标（参考）

发热部分尺寸/mm		连接端尺寸/mm		总长/mm	电阻（400℃）/Ω
直径	长度	直径	长度		
6	60	12	75	210	2.2
8	100	14	130	260	2.4
8	100	14	150	480	4.4
12	100	18	200	500	1.1
14	200	22	250	700	1.8
14	250	22	350	950	2.2
14	300	22	350	1000	2.6
18	250	28	350	950	1.3
18	600	28	350	1300	3.4
25	400	29	400	1200	1.3
30	1000	45	500	2000	2.6

B 举例说明

（1）1 台炉子，炉膛尺寸（长×宽×高）= 400mm×220mm×180mm，用硅碳棒作发热体，炉子功率15kW，试计算硅碳棒的接法，若采用单相220V电压，则可知炉子总电阻为3.2Ω，那么12根硅碳棒接法如何？

计算：根据炉膛形状，可选 ϕ8mm×100mm 硅碳棒，每根棒能发出1.2kW功率，所以需要根数为15/1.2＝12根，新棒常温电阻为8Ω，高温电阻约4Ω。

采用 3 串 4 并单相接法，所以每一串的电阻为 $3 \times 4 = 12\Omega$，那么总电阻 $\dfrac{1}{R} = \dfrac{1}{12} + \dfrac{1}{12} + \dfrac{1}{12} + \dfrac{1}{12} = \dfrac{1}{3}$，故 $R = 3\Omega$，与所要求的相近，这样的接法合理。

（2）若硅碳棒老化，每根棒高温电阻为 9Ω，接法如何？

计算：可采取 2 串 6 并接法，每一串电阻 $2 \times 9 = 18\Omega$，总电阻为：

$$\frac{1}{R} = \frac{1}{18} + \frac{1}{18} + \frac{1}{18} + \frac{1}{18} + \frac{1}{18} + \frac{1}{18} = \frac{1}{3}$$

所以 $R = 3\Omega$，故此接法合适。

（3）若采用三相星形接法，又应如何？

计算：因线电压为 380V，相电压为 220V，每相功率为 5kW，由 $P = \dfrac{V^2}{R}$，得 $R = 9.6\Omega$，原棒高温电阻为 4Ω，当 2 根串联为一相，电阻为 8Ω，星形接法只需 6 根棒，但功率达不到要求，这时应改用硅碳棒，其电阻为 2.4Ω 规格的，这样 4 根棒一串联，电阻为 9.6Ω，正合适，倘若高温电阻为 4Ω，则每相（即一串）电阻为 $4 \times 40 = 160\Omega$，此时该相电压 $5000 = \dfrac{U^2}{16R}$，$U^2 = 80000$，$U = 283V$，线电压为 $3 \times 283 = 499V$，由星形改为三角形接法，线电压为 283V。

（4）若上述三角形接法不变，当线电压为 380V 时，每根棒的电阻设为多少？

同样，相电压等于线电压，为 380V，所以 $5000 = 380/R = 28.88$，故 $R = 29\Omega$，每根电阻为 7.25Ω。

因此，实际使用中，应用变压器调压来改变功率，在低温阶段，电压应低，其功率小了，再逐渐升压，增大功率。

 思考题

2-4-1　烧结的定义是什么？
2-4-2　作为发热体及其制造材料应符合哪些要求？
2-4-3　金属发热体的分类及其特性有哪些？
2-4-4　硅碳棒作为发热体在使用过程中的特点是什么？

附 录

附表一 空气及煤气的饱和水蒸气含量 (101325Pa)

温度/℃	蒸汽压力/kPa	含水汽量 质量/g·m⁻³ 对干气体	对湿气体	气体百分数/% 对干气体	对湿气体
-20	0.103	0.82	0.81	0.102	0.101
-15	0.165	1.32	1.31	0.164	0.163
-10	0.262	2.07	2.05	0.257	0.256
-8	0.309	2.46	2.45	0.306	0.305
-6	0.368	2.85	2.84	0.364	0.353
-5	0.401	3.19	3.18	0.367	0.395
-4	0.346	3.48	3.46	0.432	0.430
-3	0.475	3.79	3.77	0.471	0.459
-2	0.517	4.12	4.10	0.512	0.510
-1	0.562	4.49	4.46	0.558	0.555
0	0.610	4.87	4.84	0.605	0.602
1	0.657	5.24	5.21	0.652	0.648
2	0.700	5.64	5.60	0.701	0.697
3	0.756	6.05	6.01	0.753	0.748
4	0.813	6.51	6.46	0.810	0.804
5	0.872	6.97	6.91	0.868	0.860
6	0.935	7.48	7.42	0.930	0.922
7	1.001	8.02	7.94	0.998	0.998
8	1.072	8.59	8.52	1.070	1.060
9	1.147	9.17	9.10	1.140	1.130
10	1.227	9.81	9.73	1.220	1.210
11	1.312	10.50	10.40	1.310	1.290
12	1.402	11.2	11.1	1.40	1.38
13	1.479	12.1	11.99	1.50	1.48
14	1.599	12.9	12.7	1.60	1.58
15	1.705	13.7	13.5	1.71	1.68
16	1.817	14.6	14.4	1.82	1.79
17	2.071	15.7	15.5	1.95	1.93
18	2.063	16.7	16.4	2.08	2.04
19	2.179	17.8	17.4	2.22	2.17
20	2.338	19.0	18.5	2.36	2.30
21	2.486	20.2	19.7	2.52	2.46
22	2.643	21.5	21.0	1.68	2.51
23	2.809	22.9	22.3	2.86	2.78

温度/℃	蒸汽压力/kPa	含水汽量 质量/g·m⁻³ 对干气体	对湿气体	气体百分数/g·m⁻³ 对干气体	对湿气体
24	2.983	24.4	23.6	3.04	2.94
25	3.167	26.0	25.1	3.24	3.13
26	3.360	27.6	26.7	3.43	3.32
27	3.564	29.3	28.3	3.65	3.52
28	3.779	31.2	30.0	3.88	3.73
29	3.999	33.1	31.8	4.12	3.95
30	4.242	35.1	33.7	4.37	4.19
31	4.493	37.1	35.6	4.65	4.44
32	4.754	39.6	37.7	4.93	4.69
33	5.035	42.0	39.9	5.21	4.96
34	5.319	44.5	42.2	5.54	5.25
35	5.623	47.3	44.6	5.89	5.56
36	5.940	50.1	47.1	6.23	5.86
37	6.275	53.1	49.8	6.60	6.20
38	6.624	55.3	52.7	7.00	6.55
39	6.991	59.6	55.4	7.40	6.90
40	7.375	63.1	58.5	7.85	7.27
42	8.199	70.8	65.0	8.8	8.1
44	9.100	79.3	72.2	9.9	9.0
46	10.085	88.8	80.0	11.0	9.9
48	11.164	99.5	88.5	12.40	11.0
50	12.033	111.4	97.9	13.85	12.18
52	13.610	125.0	108.0	15.60	13.5
54	15.004	140.0	119.0	17.40	14.80
56	16.501	156.0	131.0	19.60	16.40
60	19.920	196.0	158.0	24.50	19.70
65	24.500	265.0	199.0	32.80	24.70
70	31.160	361.0	249.0	44.90	31.60
75	38.542	499.0	308.0	62.90	39.90
80	47.342	715.0	379.0	89.10	47.10
85	57.810	1061.0	463.0	135.80	5.00
90	70.100	1870.0	563.0	233.00	70.00
95	83.431	404.0	679.0	545.00	84.50
100	101.323	无穷大	816.0	无穷大	100.00

附表二 常用气体的平均恒压热容（×4.187 kJ/(m³·℃)）（标准状态）

℃	C_{CO_2}	C_{N_2}	C_{O_2}	C_{H_2O}	$C_{干空气}$	$C_{湿空气}$	C_{CO}	C_{H_2}	C_{H_2S}	C_{CH_4}	$C_{C_2H_4}$	$C_{产}$
0	0.3870	0.3103	0.3123	0.3562	0.3107	0.3164	0.311	0.305	0.362	0.374	0.422	0.340
100	0.4180	0.3108	0.3115	0.3587	0.3117	0.3174	0.311	0.308	0.368	0.395	0.503	0.340
200	0.4318	0.3112	0.3193	0.3624	0.3128	0.3186	0.313	0.310	0.376	0.422	0.556	0.340
300	0.4492	0.3124	0.3244	0.3673	0.3148	0.3207	0.315	0.311	0.384	0.452	0.604	0.344
400	0.4642	0.3146	0.3255	0.3724	0.3177	0.3237	0.318	0.311	0.393	0.483	0.650	0.344
500	0.4885	0.3175	0.3345	0.3781	0.3210	0.3271	0.325	0.312	0.402	0.512	0.691	0.352
600	0.4918	0.3205	0.3390	0.3840	0.3244	0.3305	0.325	0.313	0.411	0.542	0.728	0.350
700	0.5034	0.3237	0.3432	0.3902	0.3278	0.3340	0.328	0.314	0.420	0.569	0.726	0.360
800	0.5139	0.3268	0.3420	0.3965	0.3311	0.3374	0.332	0.315	0.428	0.596	0.762	0.363
900	0.5234	0.3300	0.3402	0.4028	0.3342	0.3406	0.335	0.316	0.437	0.620	0.824	0.366
1000	0.5318	0.3329	0.3535	0.4092	0.3372	0.3437	0.338	0.317	0.445	0.644	0.852	0.369
1100	0.5350	0.3357	0.3663	0.4155	0.3400	0.3466	0.341	0.319	0.452	0.665	—	0.372
1200	0.5566	0.3383	0.3588	0.4217	0.3426	0.3493	0.344	0.321	0.459	0.686	—	0.374
1300	0.5581	0.3413	0.3612	0.4277	0.3452	0.3520	0.346	0.323	0.465	—	—	0.377
1400	0.5590	0.3433	0.3635	0.4335	0.3475	0.3544	0.349	0.325	0.471	—	—	0.380
1500	0.5645	0.3456	0.3657	0.4392	0.3497	0.3567	0.351	0.327	0.477	—	—	0.383
1600	0.5696	0.3476	0.3678	0.4447	0.3518	0.3589	0.353	0.329	—	—	—	0.386
1700	0.5742	0.3493	0.3698	0.4500	0.3537	0.3609	0.355	0.331	—	—	—	0.389
1800	0.5786	0.3512	0.3716	0.4551	0.3556	0.3629	0.357	0.333	—	—	—	0.392
1900	0.5829	0.3530	0.3735	0.4598	0.3573	0.3647	0.358	0.334	—	—	—	0.395
2000	0.5864	0.3547	0.3753	0.4645	0.3590	0.3664	0.360	0.336	—	—	—	0.398
2100	0.5899	0.3562	0.3770	0.4689	0.3605	0.3680	0.361	0.338	—	—	—	
2200	0.5932	0.3578	0.3786	0.4732	0.3624	0.3697	0.363	0.340	—	—	—	
2300	0.5964	0.3590	0.3803	0.4773	0.3635	0.3700	0.364	0.342	—	—		
2400	0.5994	0.3603	0.3819	0.4812	0.3648	0.3725	0.365	0.344	—	—	—	
2500	0.6022	0.3617	0.3835	0.4850	0.3664	0.3740	0.367	0.346				

附表三　不同发热量燃料燃烧需要的理论空气量和烟气量

燃料种类	发热量/kJ·(kg·m³)⁻¹	空气量/m³·(kg·m³)⁻¹	烟气量/ m³·(kg·m³)⁻¹
固体燃料（湿）	12560	3.54	4.25
	16747	4.54	5.18
	20934	5.55	6.10
	25121	6.56	7.02
	29308	7.58	7.94
	33494	8.59	8.86
石油	40193	10.20	10.90
发生炉煤气（干）	4605	0.97	1.84
	5024	1.05	1.90
	5443	1.13	1.97
	5862	1.21	2.03
	6280	1.29	2.10
高炉煤气	3768	0.714	1.56
	4187	0.792	1.62
	4605	0.871	1.69
焦炉、高炉混合煤气	5862	1.23	2.05
	7536	1.67	2.47
	9211	2.11	2.90
	10886	2.55	3.32
水煤气	11242	2.35	2.90

附表四　燃料在空气中的着火温度和燃气空气混合物的着火浓度

燃料种类及名称		着火温度/℃		着火浓度极限/%	
		最　低	最　高	上　限	下　限
固体燃料	木材	250	350	—	—
	烟煤	400	500	—	—
	无烟煤	600	700	—	—
	褐煤	250	450	—	—
	泥煤	225	280	—	—
	木炭	350	—	—	—
	焦炭	700	—	—	—
液体燃料	汽油	415		—	—
	煤油	604	609	—	—
	重油	580	—	—	—
	石油	531	590	—	—
	苯	730	—	—	—
气体燃料	氢气（H_2）	550	609	1.0~9.5	65.0~75.0
	一氧化碳（CO）	630	672	12.0~15.6	70.9~75.0
	甲烷（CH_4）	800	850	4.9~6.3	11.9~15.4
	乙烷（C_2H_6）	540	594	3.1	12.5
	丙烷（C_3H_8）	525	583	2.0	9.5
	丁烷（C_4H_{10}）	490	569	1.93	8.4
	乙烯（C_2H_4）	540	550	3.0	28.6
	乙炔（C_2H_2）	335	500	2.5	80.0
	焦炉煤气	556	650	5.6~5.8	28.0~30.8
	发生炉煤气	700	800	20.7	77.4
	高炉煤气	700	800	35.0~40.0	56.0~73.5
	天然气	750	850	5.1~5.8	12.1~13.9

附表五　几种主要燃料的特性

燃料种类	燃料成分/%　固体、液体燃料（质量分数），气体燃料（体积分数）											发热量 /kJ·(kg·m³)⁻¹	空气量 /m³	废气量 /m³	空气成分（体积分数）/%				废气理论热含量 /kJ·m⁻³
	H_2	CO	CH_4	C_2H_4	C	S	CO_2	H_2O	N_2	O_2	H_2S				CO_2	H_2O	N_2	SO_2	
气体																			
高炉煤气	3.3	27.4	0.9	—	—	—	10.0	—	58.4	—	—	4174	0.82	1.67	23.0	3.0	74.0	—	2500
焦炉煤气	50.8	5.4	26.5	1.7	—	—	2.3	0.4	11.9	1.0	—	16663	4.06	4.82	7.9	22.1	70.0	—	3458
空气发生炉煤气	0.9	33.4	0.5	—	—	—	0.6	—	64.2	—	0.4	4605	0.893	1.71	20.1	1.3	78.4	0.20	2692
水煤气	50.0	40.0	0.5	—	—	—	4.5	—	5.0	—	—	10660	2.19	2.74	16.6	18.6	65.0	—	3852
混合发生炉煤气:																			
用无烟煤作原料	13.5	27.5	0.5	—	—	—	5.5	—	52.6	0.2	0.2	5150	1.03	1.82	18.4	8.1	73.4	0.1	2830
用气煤作原料	13.5	26.5	2.3	0.3	—	—	5.0	—	51.9	0.2	0.3	5862	1.23	2.03	16.9	9.45	73.5	0.15	2889
用褐煤作原料	14.0	25.0	2.2	0.4	—	—	6.5	—	50.5	0.2	1.2	5903	1.27	2.07	16.7	9.9	72.8	0.6	2847
天然煤气	2.0	0.6	93.0	0.4	—	—	0.3	—	3.0	0.5	0.2	3422	8.98	9.93	9.54	19.03	71.4	0.03	3429
液体																			
重油（低硫）10号	12.3	—	—	—	85.6	0.5	—	1.0	—	0.5	—	41701	10.9	11.6	13.7	11.95	74.32	0.03	3596
重油（低硫）20号	11.5	—	—	—	85.3	0.6	—	2.0	—	0.5	—	40738	10.64	11.32	14.08	11.62	74.26	0.04	3601
重油（低硫）40号	10.5	—	—	—	85.0	0.6	—	3.0	—	0.7	—	39649	10.37	11.01	14.42	11.02	74.52	0.04	2601
重油（低硫）80号	10.2	—	—	—	84.0	0.7	—	4.0	—	0.8	—	39398	10.18	10.82	14.52	11.02	74.41	0.05	3638
含硫重油10号	11.5	—	—	—	84.2	2.5	—	1.0	—	0.7	—	40486	10.54	11.27	14.02	11.60	74.23	0.15	3596
含硫重油20号	11.3	—	—	—	83.1	2.9	—	2.0	—	0.5	—	40068	10.40	11.08	14.03	11.65	74.12	0.20	3622
含硫重油40号	10.6	—	—	—	82.6	3.1	—	3.0	—	0.4	—	39230	10.16	10.84	14.34	11.30	74.16	0.20	3617
固体																			
焦炭	—	—	—	—	81.0	1.7	—	7.3	—	—	—	27633	7.24	7.32	2.5	1.3	78.10	0.1	3776
无烟煤	1.8	—	—	—	86.3	1.9	—	3.5	—	1.7	—	31401	7.28	7.62	21.0	3.0	75.9	0.1	4120
气煤	4.6	—	—	—	68.9	2.0	—	6.7	—	9.2	—	27549	7.1	7.48	17.1	8.0	74.8	0.1	3684
褐煤	3.0	—	—	—	62.0	—	—	21.0	—	18.0	—	17166	4.9	5.2	19.0	6.5	74.5	—	3308
木柴	4.5	—	—	—	40.0	—	—	22.0	—	32.5	—	—	3.8	4.5	16.6	16.0	67.4	—	2889
泥煤	3.7	—	—	—	35.7	—	—	29.0	—	23.8	—	—	3.52	4.2	16.0	17.1	66.9	—	2742

参 考 文 献

[1] 谢有赞. 热工基础理论与炭素窑炉 [M]. 湖南大学教材, 1995.

[2] 蒋光羲. 冶金炉热工基础 [M]. 重庆: 重庆大学出版社, 1993.

[3] 唐谟堂, 何静. 火法冶金设备 [M]. 长沙: 中南大学出版社, 2003.

[4] 陈晓东, 张振东. 铝用炭素焙烧工 [M]. 徐州: 中国矿业大学出版社, 2009.

[5] 张庆刚, 潘三江, 等. 炭素煅烧工 [M]. 北京: 冶金工业出版社, 2013.